哈佛凌晨四点半

哈佛大学教给青少年的成功秘诀

邢群麟 编著

天津出版传媒集团
天津科学技术出版社

图书在版编目（CIP）数据

哈佛凌晨四点半：哈佛大学教给青少年的成功秘诀 / 邢群麟编著. -- 天津：天津科学技术出版社, 2018.4（2023.8 重印）
ISBN 978-7-5576-4840-4

Ⅰ.①哈… Ⅱ.①邢… Ⅲ.①成功心理—青少年读物
Ⅳ.① B848.4-49

中国版本图书馆 CIP 数据核字（2018）第 040092 号

哈佛凌晨四点半：哈佛大学教给青少年的成功秘诀
HAFO LINGCHEN SIDIANBAN HAFO DAXUE JIAO GEI QINGSHAONIAN DE CHENGGONG MIJUE

责任编辑：张　萍
责任印制：兰　毅

出　　版	天津出版传媒集团 天津科学技术出版社
地　　址	天津市西康路 35 号
邮　　编	300051
电　　话	（022）23332490
网　　址	www.tjkjcbs.com.cn
发　　行	新华书店经销
印　　刷	三河市华成印务有限公司

开本 880×1230　1/32　印张 8　字数 200 000
2023 年 8 月第 1 版第 5 次印刷
定价：46.00 元

前言

　　哈佛大学，是一座拥有300多年历史的著名学府，是世界各国学子们梦想的殿堂，哈佛在人们心中已经成为成功的标志。300多年来，哈佛大学先后出过8位美国总统、40名诺贝尔奖获得者和30名普利策奖获得者，培养了数以百计的世界级财富精英，为商界、政界、学术界及科学界贡献了无数成功人士和时代巨子。

　　在人生的旅途中，大学只是一个短暂的历程，但哈佛让学生在这个短暂的历程中掌握了铸就成功人生的秘诀，教会了学生怎样做人、怎样做一个成功的人，并引领他们思考和感悟人生，为实现人生目标，取得成功做好积极而充分的准备。正如哈佛大学第23任校长科南特所言："大学的荣誉，不在它的校舍和人数，而在于它一代又一代人的质量。"哈佛靠什么打造了这些巨人？他们的教育中有什么深藏未露的秘密？从这些成功者身上我们不难看到，在哈佛收获的成功智慧是他们获得如此成就的决定性因素，是哈佛的精神始终鞭策他们向成功的顶峰攀登，是哈佛大学成功的教育理念缔造了他们辉煌的人生。哈佛并不是神话，它代表的是一种精神，一种气质，任何进入这种气质氛围的人，生命都会从此与众不同！

考入哈佛大学，亲自去感受哈佛大学精神气质，是多少学子梦寐以求的事情，然而，能真正走进哈佛大学的人毕竟是极少数，大多数人难以如愿以偿。为了帮助莘莘学子及广大渴望有所成就、有所作为的读者不进哈佛也一样能学到百年哈佛的成功智慧，我们编写了这本《哈佛凌晨四点半：哈佛大学教给青少年的成功秘诀》。

本书从勤奋、惜时、认真、负责、自制、自信、自立、坚忍、勇敢、进取、创新等方面深入阐述了哈佛大学教给青少年的成功秘诀，充分诠释了哈佛大学教育理念中的精髓，让青少年朋友在轻松的阅读中，犹如徜徉在哈佛大学的文化殿堂，切身感受到哈佛的成功理念带给自己的深刻体悟与巨大能量，获得完美的人生指导，铸就一个哈佛学子应有的优秀品质，并树立起明确的精英意识，学会在学习和生活中自我选择、自我塑造，为成长为社会精英打下坚实的基础。

本书是送给孩子的一份特殊的人生礼物。父母不仅要用牛奶和面包将子女养大，在他们成长的过程中，父母还要及时给孩子鼓气加油，给他们精神上的营养。通过本书，每个家长都可以与自己的孩子一同感受哈佛教育精华，帮助他们在成功的道路上迈出坚实的一步。对于孩子来说，这里没有冗长的说教，只有无穷无尽榜样的力量，可以激发青少年学生奋发向上，点燃学习热情，引导他们更加努力、更加自觉地学习知识，成为社会的有用之材。

目录 CONTENTS

走进哈佛 / 1

影响哈佛学子一生的箴言 / 5

哈佛大学图书馆训言 / 6

哈佛大学名人一览 / 7

第一章 勤奋——攀登成功的阶梯

俗话说，天下没有免费的午餐。要想收获美好的果实，就必须付出辛勤的劳动。勤奋是对成功的最好注解，也是通往成功的必由之路。勤奋是成功的秘诀，懒惰是成功的大敌。青少年要有所成就，就必须克服懒惰。一勤天下无难事，青少年时养成的勤勉努力的习惯，就会成为终身受用的法宝，它会伴随着你克服困难，取得人生的成功。

成功属于有刻苦精神的人 / 10

勤奋是克服"先天不足"的良药 / 12

美好的生活要靠勤劳获取 / 16

享受劳动的快乐 / 21

第二章 自信——成功的人生始于自信

自信是成功的第一秘诀，是一个人取得成功的内在驱动力。只有自信的人才能够在成功的路上健步如飞，而缺乏自信的人则一定是步履蹒跚。对于青少年来说，树立

起自信,用信念激发出自己内在的勇气和雄心,是他们迈向成功人生的第一步。

每个人心头都隐伏着一头雄狮 / 26

信念是所有奇迹的萌发点 / 29

自信多一分,成功多十分 / 34

勇于挑战自己的缺憾 / 38

不要被他人评价所左右 / 42

第三章 行动——在行动中实现梦想

　　成功在于计划,更在于行动。再美好的梦想,没有行动,就会变成空想。再完美的计划,如果缺乏行动,就会变成空谈。只有计划才能让心中的蓝图变成现实。青少年朋友要实现自己的理想,就应当注重行动,在行动中实现自己的梦想。

只有行动才能让计划变成现实 / 48

不要只生活在梦想里 / 51

用目标激励行动 / 54

做好行动前的准备 / 57

不要被想象中的困难吓倒 / 61

第四章 认真——成功就怕"认真"二字

　　世界上怕就怕"认真"二字,无论做什么事情,只有抱着认真的态度才能够将它做好。青少年要有所成就,就要养成认真细致的品质,形成认真做事的习惯。不积跬步,无以至千里。青少年要成就一番伟业,就必须从身边最容易的事情入手,认真地做好每一件小事。踏踏实实地做好每一件事,你才能够更快地走向成功。

专心致志,一次做好一件事 / 68

精益求精,尽善尽美 / 71

不要做差不多先生 / 76

对小事认真才能对大事认真 / 79

第五章 坚忍——在充满荆棘的道路上奋进

  挫败是成长的阶梯，困境是人生的另一所大学。一个生前没有经历过困难的人，他的生命是不完整的。一个人的成长，就是经历一连串磨难和考验的过程，迎接并克服磨难，你就会拥有足够的力量和智慧。困境和磨难就好像是运动器械，可以锻炼人，使人体格强健。青少年要成为未来社会的强者，就应当在生活中磨炼自己坚韧的意志，把不幸和困难当成自己人生最好的教材。

挫折是大自然的计划 / 84

在困难面前你需要重新站起来 / 87

用行动反击失败 / 91

用微笑迎接挫折 / 96

为成功付出耐心 / 101

第六章 进取——做自己命运的开拓者

  在成长过程中，总有一种神秘的力量在推动着我们追求更高的理想，这种力量，就是进取心。进取心是一个人向上的动力，人生在世就应当努力进取，只有这样，生命的价值才能够不断地提升。进取心代表了一个人的发展方向和他所能达到的人生高度。人一旦养成不断自我激励，始终向着更高目标前进的习惯，进取心就会成为一种强大的自我激励力量，使你的人生变得更加充实。

害怕前进只能停留在原地 / 108

欲望是开拓命运的力量 / 111

每天都是一个新起点 / 116

超越自我，和自己比赛 / 119

第七章 自制——管理好自己才能管理别人

自制力不仅仅是人的一种美德，而且在成就事业的过程中也是一项决定成败的关键因素。自制对于青少年的成长和进步来说，有着十分重要的意义和作用。斯威夫特说过，只有自制的人才拥有真正的美德。控制自己能够让一个人变得更强大。青少年要想成为能够主宰自己命运的强者，就必须学会克制自己，管理自己。

控制自己让你更强大 / 124

不要成为情绪的奴隶 / 128

冷静沉着，遇事应付自如 / 132

破除陋习，养成好习惯 / 136

把时间花在解决问题上 / 140

第八章 主动学习——养成终身学习的习惯

人的一生中，都有接受教育的可能，换句话说，人的一生都是受教育的时间。如今，终身教育已经被联合国教科文组织定为"知识社会的根本原理"，并且成为世界各国指定教育政策的主导思想。未来社会是一个学习型社会。如果你不主动学习，就无法取得工作和生活所需要的知识，就无法使自己适应急速变化的时代，你要跟得上时代发展的步伐，就应当主动学习，养成终身学习的好习惯。

有目标、有计划地积累知识 / 144

建立合理的知识结构 / 148

掌握正确的学习方法 / 152

让学习变成一件快乐的事情 / 156

第九章 惜时——成功属于善用时间的人

时间是组成生命的材料。一切节约，归根到底都是时间的节约。时间是你可以掌握在手中的最宝贵的财富。如果你想取得成功，就必须认识到时间的价值。对于青少年来讲，时间尤其宝贵，你应当像珍惜自己生命一样珍惜自己的时间，只有这样，你才能够在有限的人生中做出更多有意义的事情。

重视时间的价值 / 162

警惕你的"时间窃贼" / 165

合理规划你的时间 / 168

用好 20/80 法则 / 172

善于利用零碎时间 / 177

第十章 创新——天才是自创法则的人

人类社会发展进步就是一部不断创新的历史。从近代科学技术日益迅猛发展的趋势中，越来越多的人开始感受和认识创新的重要和可贵。创新是 21 世纪的通行证。模仿永远也成不了真正的大师，在知识经济时代，各行各业的成功人士身上都闪烁着创新的光彩。创新不仅是企业生存和发展的必需，而且也是个人取得成功、实现自我价值的必由之路。

创新：21 世纪的通行证 / 184

打破常规，敢于标新立异 / 187

展开想象的翅膀 / 192

勇于创新，不要畏惧失败 / 198

第十一章 勇敢——战胜自己，才能战胜别人

成功者与失败者之间的分水岭，并不在于天地之间的差距，而在于一点小小的勇

气。如果一个人内心充满勇气,那么没有什么东西可以阻碍他走向成功。有岛武郎说过,勇敢的人面前才有路。青少年在成长的过程中要勇于尝试,敢于挑战自己,勇敢地面对生活中的变化,只有积极勇敢地去拥抱和适应生活中的变化,才能够在变化中成长。

推开虚掩的成功之门 / 204

勇于冒险,没有尝试就没有成功 / 208

挑战生命中的"不可能" / 213

在行动中忘掉恐惧 / 218

第十二章 自立——自立自主方可驾驭人生

  自立是自下而上的开始,是成功的保证。青少年应当学会在社会中自立,不能太依赖别人的帮助,因为依靠别人的帮助维持生活只能满足你的一时之需。但真正要想在社会中生存下去,还得依靠自己的力量。总在窝里的鹰永远也不会飞。青少年要在未来的社会竞争中取胜,就应当及早培养自立自主的意识,做到自立自强。你扔掉依赖的拐杖、发现自己的那一天,就是你人生成功的开始。

自助者天助 / 224

自食其力才能赢得尊严 / 229

学会自己拿主意 / 234

品味自己动手的快乐 / 239

走进哈佛

哈佛大学（Harvard University）创建于 1636 年，坐落于美国马萨诸塞州剑桥市。1636 年 10 月 28 日马萨诸塞海湾殖民地议会通过决议，筹建一所像英国剑桥大学那样的高等学府。学校最初命名为"新学院"或"新市民学院"。1637 年冬天，一位英国剑桥大学的毕业生移民到了新大陆。他叫约翰·哈佛，来自伦敦，时年 29 岁，刚结婚不久，住在查理斯镇，与这所新成立的学院隔着查理斯河。约翰·哈佛的梦想是成为查理斯镇教堂的助理牧师，不幸的是，1638 年 9 月 14 日，约翰·哈佛就因患肺病而逝世。临死前，他立嘱将自己一部分财产和 400 本图书捐赠给了河对面那所新成立的学院。这是该学院成立以来所接受的最大一笔捐款，校方用这笔钱开发了不少的"硬件"和"软件"。也就从那时候开始，美国非常重视对文化教育的投资和捐献，这种习惯和氛围被一代又一代的美国人和外来移民者接受和继承。为纪念给予学院慷慨支持的约翰·哈佛牧师，马萨诸塞州议会一致决议，学院于 1639 年 3 月更名为哈佛学院；

1780年，哈佛学院正式改称哈佛大学。

哈佛大学的办校方针是求是崇真。哈佛大学的校训是："与柏拉图为友，与亚里士多德为友，更要与真理为友。"这句话自哈佛建校以来，一直是哈佛学生所信奉的做学问和做人的准则。

哈佛大学的校徽是"Veritas"，它是拉丁文"真理"的意思。1643年12月27日，哈佛学院第二任院长邓斯特主持了一次会议，会议记录是这样的：校徽以三本书为背景（两上一下），在上面的两本书上分别印刻有"VE"和"RI"两组字母，而在下面的一本书上则印刻有"TAS"这组字母。三本书的背景则是一个盾牌图案。毫不夸张地说，这个校徽的设计是很有创意的。然而，这个图案在200年之后才被启用的。其原因是，邓斯特院长在主持了那次会议后，就随便将会议记录丢置在一堆文件中，一直无人问津。之后，时任哈佛院长的昆西在主持200年校庆过程中，无意中发现了这份重要的历史文件。他把这份失而复得的校徽图案作为本次校庆的一个重要内容来推介给师生，大家在欢呼之余，无不感慨万分。

▲哈佛大学的校徽

到20世纪，哈佛的地位及声誉随着所获捐助及教授人数的上升而逐渐提升，申请入学的学生人数也因课程内容的丰富及校园的扩建而增加。截至2014年，哈佛大学下设13个学院，分别为文理学院、商学院、设计学院、神学院、牙科医学、法学院、医学院、教育学院、公共卫生学院、肯尼迪政治学院、工程与应用科学院、研究生院、哈佛学院，另设有拉德克利夫高等研究学院，总共在46个本科专业、134个研究生专业招生。

20世纪初，中国政府开始向哈佛大学选派留学生。首批留学哈佛的中国学生于1909年毕业，他们当中有罗邦辉、金岱、李嘉同、马岱君和刘瑞恒等人。中国近代也有许多科学家、学者、作家曾就读于哈佛大学，如赵元任、吴宓、林语堂、梁实秋、梁思成、竺可桢、陈寅恪、陈振汉等。1936年，时值哈佛大学300年校庆，中国哈佛大学校友会给母校捐赠了一座大石碑，这是中国留学生在哈佛校园留下的集体足迹。到1945年，哈佛大学的外国留学生中，以中国学生人数为最多。

▲ 哈佛大学外景

使许多美国大学羡慕不已的是，哈佛大学还有7座规模较大的专业博物馆，它们分别为植物学博物馆、矿物学和地质学博物馆、比较动物学博物馆、考古学和人种学博物馆、沃伦解剖学博物馆、福格艺术博物馆和布希－瑞森格博物馆。这些博物馆在全世界学术界都享有美名。

哈佛大学对于教师和学生的质量要求亦是高水准的，教师要严选，学生要精挑。优秀的学生和出色的教师相得益彰，相辅相成，共同成就了哈佛的成功。担任哈佛大学校长长达20年之久的美国著名教育家科南特曾经说过："大学的荣誉，不在于她的校舍和人数，而在于一代一代人的质量。"正是因为在择师和育人上坚持高标准、高质量的要求，哈佛大学才得以成为群英荟萃、人才辈出的第一流著名学府，对美国社会的经济、政治、文化科学和高等教育都产生了重大影响，在世界各国求知者心中具有极大的吸引力，在众多大学排行榜上一直名列前茅，被公认为当今世界最顶尖的高等教育机构之一。

哈佛大学被誉为高等学府王冠上的宝石，300多年间，哈佛大学培养出数以百计的世界级精英，为商界、政界、学术界及科学界贡献了无数成功人士，成就了许多时代巨子。在美国历史上，哈佛大学毕业的学生中共有8位成为美国总统。分别是约翰·昆西·亚当斯、约翰·亚当斯、拉瑟福德·海斯、西奥多·罗斯福、富兰克林·罗斯福、约翰·肯尼迪、乔治·沃克·布什、贝拉克·侯赛因·奥巴马。此外，还培养出一大批知名的学术创始人、世界级的学术带头人、文学家、思想家，如诺伯特·德纳、拉尔夫·爱默生、亨利·梭罗、亨利·詹姆斯、查尔斯·皮尔士、罗伯特·弗罗斯特、威廉·詹姆斯、杰罗姆·布鲁纳、乔治·梅奥等。另外，美国前国务卿亨利·基辛格、微软公司创始人比尔·盖茨也毕业于哈佛大学。

影响哈佛学子一生的箴言

① 阅读：无论走到哪，随身携带一本书。

② 思考：睡前五分钟向自己提出问题。

③ 选择：比汗水更重要的是选择的智慧。

④ 财商：智商可以让你聪明，情商可以帮助你寻找财富，赚取人生第一桶金，只有财商才能为你保存这第一桶金，并且让它增值。

⑤ 借力：永远都不要独自用餐。

⑥ 锻炼：选择一项自己最喜欢的运动。

⑦ 创新：创造他人需要却表达不出来的需求。

⑧ 感恩：在任何地方，对任何人任何事说声"谢谢"。

哈佛大学图书馆训言

① 此刻打盹,你将做梦;而此刻学习,你将圆梦。
② 我荒废的今日,正是昨日殒身之人祈求的明日。
③ 觉得为时已晚的时候,恰恰是最早的时候。
④ 勿将今日之事拖到明日。
⑤ 学习时的苦痛是暂时的,未学到的痛苦是终生的。
⑥ 学习这件事,不是缺乏时间,而是缺乏努力。
⑦ 幸福或许不排名次,但成功必排名次。
⑧ 学习并不是人生的全部。但既然连人生的一部分——学习也无法征服,还能做什么呢?
⑨ 请享受无法回避的痛苦。
⑩ 只有比别人更早、更勤奋地努力,才能尝到成功的滋味。
⑪ 谁也不能随随便便成功,它来自彻底的自我管理和毅力。
⑫ 时间在流逝。
⑬ 今天流的口水,将成为明天的眼泪。
⑭ 狗一样地学,绅士一样地玩。
⑮ 今天不走,明天要跑。
⑯ 投资未来的人是忠于现实的人。
⑰ 受教育程度代表收入。
⑱ 一天过完,不会再来。
⑲ 即使现在,对手也在不停地翻动书页。
⑳ 没有艰辛,便无所获。

哈佛大学名人一览

拉尔夫·爱默生
(1803–1882)
美国思想家、诗人

海伦·凯勒
(1880–1968)
美国作家、教育家

埃里奇·西格尔
(1937–2010)
美国著名作家、编剧、教育家

富兰克林·罗斯福
(1882–1945)
美国第32任总统

约翰·肯尼迪
(1917–1963)
美国第35任总统

乔治·沃克·布什
(1946–)
美国第43任总统

贝拉克·侯赛因·奥巴马
(1961–)
美国第44任总统

亨利·基辛格
(1923–)
美国前国务卿

比尔·盖茨
(1955–)
微软创始人之一

马克·扎克伯格
（1984-）
美国社交网站Facebook创办人

珀西·布里奇曼
（1882-1961）
1946年诺贝尔物理学奖获奖者

约瑟夫·默里
（1919-2012）
1990年诺贝尔生理学或医学奖

托马斯·萨金特
（1942-）
2011年诺贝尔经济学奖获得者

竺可桢
（1890-1974）
中国著名地理学家、气象学家

陈寅恪
（1890-1969）
中国历史学家、语言学家

林语堂
（1895-1976）
中国著名作家、学者、翻译家

梁思成
（1901-1972）
中国著名建筑史学家、建筑教育家

梁实秋
(1902-1987)
中国著名文学家、翻译家

第一章

勤奋——攀登成功的阶梯

俗话说,天下没有免费的午餐。要想收获美好的果实,就必须付出辛勤的劳动。勤奋是对成功的最好注解,也是通往成功的必由之路。勤奋是成功的秘诀,懒惰是成功的大敌。青少年要有所成就,就必须克服懒惰。一勤天下无难事,青少年时养成的勤勉努力的习惯,就会成为终身受用的法宝,它会伴随着你克服困难,取得人生的成功。

成功属于有刻苦精神的人

> 天才出于勤奋,哪里有超乎常人的精力与工作能力,哪里就有天才。
> ——李卜克内西

成功属于有刻苦精神的人。英国小说家特罗洛普刚刚从事写作的时候,一个作家的建议使他受益终生,后来,他又把这句话送给了罗伯特·布坎南。他说:"如果你想成为名垂千古的作家,在坐下来写作之前,先放一点鞋匠的粘胶在椅子上,有这样的创作精神才有希望成功。"

索尔·德拉克鲁斯是17世纪墨西哥著名的女诗人。她之所以能够在文学创作上取得杰出的成就,就是因为她自己的不懈努力、勤学苦练。据说,十几岁的时候,她就已经成为当地有名的美女了,她不但有轻盈灵巧的身段,美丽动人的容貌，而且还长着一头人人艳羡的秀发。

当时，索尔的家人和朋友都希望她能成为一名出色的演员，因为以她的条件，做演员是再合适不过了。但是，她的志向并不是做一名演员，而是想成为一名诗人，能够用自己所写的美丽诗篇讴歌自己伟大的祖国水和勤劳的人民。

虽然她一心想写好诗歌，但是她一开始所写的诗歌并不好，经常受到老师的批评。有一天，一群伙伴又跑到她家来找她出去一起玩。虽然她也很想出去，但最后还是婉言拒绝了："我这几天刚刚写了几首诗，正在请老师帮忙审阅呢！如果老师说我有进步，那我就和你们一起出去玩。如果说没有，那我就……"

因为大家都非常喜欢她，所以不想失去与她一起玩的机会，于是大家就一起坐下来，耐心地等着结果。过了一会儿，老师拿着诗稿来了。索尔·德拉克鲁斯接过来一看，脸当时就红了，因为老师不但在上面修改了许多，而且还专门加了批语，说她进步很小，自己感到很失望，等等。索尔·德拉克鲁斯很认真地看着诗稿，一言不发，其他人也都默默地注视着她，忽然，她放下诗稿，随手抓起一把剪刀，"咔嚓"一下，就把自己那一头人人羡慕的长发剪了下来。顿时，大伙惊得目瞪口呆。

索尔·德拉克鲁斯为什么要剪掉自己美丽的头发呢？原来，为了写好诗，她给自己立下了一条规矩：如果自己在规定的时间里没有学好自己规定的课程，或者在学业上没有什么大的进步，自己就要把那一头漂亮的头发剪掉，以示惩罚。

她对自己那些目瞪口呆的伙伴说:"如果一个人没有任何的知识和才能,而只有一个空洞的脑袋,那她就不应该有漂亮的头发作装饰!"她又一次谢绝了伙伴们的邀请,在家里认真地做起诗来!

正因为索尔·德拉克鲁斯这样严格要求自己,不断发奋努力,她的诗写得越来越好,最终成为墨西哥著名的诗人。

勤劳是对成功的最好注解,也是通往成功的必由之路。古罗马有两座圣殿:一座是勤奋的圣殿;另一座是荣誉的圣殿。他们在安排座位时有一个秩序,就是必须经过前者,才能达到后者。勤奋是通往荣誉的必经之路,那些试图绕过勤奋、寻找荣誉的人,总是被荣誉拒之门外。

成功者都有一个共同的特点——勤奋。在这个世界上,投机取巧是永远都不会到达成功之路的,偷懒更是永远没有出头之日。

一位成功人士曾经说过:"我不知道有谁能够不经过勤奋工作而获得成功。"寓言中的守株待兔的人,曾经不费吹灰之力就得到一只兔子,但此后他就再也没有任何收获。所以,不要指望不劳而获的成功。

 ## 勤奋是克服"先天不足"的良药

没有加倍的勤奋,就既没有才能,也没有天才。 ——门捷列夫勤奋是成功的点金石，是克服先天不足的灵丹妙药。一个勤奋的人，即使一开始没有表现出惊人的天赋和过人的才华，但是只要他能够踏踏实实、坚持不懈，最终也会比那些浅尝辄止、反复无常的天才取得更大的成绩。从某种意义上说，天才离不开勤奋就像勤奋离不开天才一样，如果你有着很高的才华，勤奋会让它绽放无限的光彩。如果你智力平庸、能力一般，勤奋可以弥补全部的不足。

爱因斯坦小的时候，有一次上制作课，老师要求每个人做一件小工艺品。课堂上，老师让学生们把他们的制作拿出来，一件一件地检查。当老师走到爱因斯坦面前时，他停住了，他拿起爱因斯坦制作的小板凳（那可不是一件成功的作品）问爱因斯坦："世上难道还有比这更坏的小板凳吗？"

爱因斯坦以响亮的回答告诉老师说："有！"

然后，他又从自己的小桌里拿出了一只板凳，对老师说："这是我做的第一只。"

一个手脚笨拙的人因为勤奋最后成为一个伟大的科学家。另一个小故事，也能说明这一道理。

古希腊有位演讲家，他的口才很好，每一次演讲都能吸引众多的听众。但他年轻的时候却有口吃的毛病，经常受到大家的嘲笑。为了改正这一缺点，他坚持天天练习说话。有的时候跑到山顶上，嘴里含着小石子，训练自己的口形，摸索发音的规律。正是勤奋不懈的努力使他改掉了口吃的毛病，同时说话流畅悦耳，

从而实现了他做演讲家的梦想。

自身的缺点并不可怕，可怕的是缺少勤奋的精神。自身之拙，可能会成为我们成功路上的障碍，但伟人、名人就是在克服障碍后得以成功的。

1963年2月20日，巴克利出生在美国阿拉巴马州一个名叫里兹的偏僻小镇里。在这个只有6000人的贫穷小镇，巴克利一出生就遭遇了与当时很多贫穷黑人小孩一样的不幸。刚出生6个星期，小巴克利就由于患有贫血症而进行了一次全身换血的大手术。幸好手术非常成功，他终究逃离了死神的恶掌，幸运地生存下来。然而，祸不单行，不幸总是喜欢跟贫穷的人们过不去。

小小年纪的巴克利已经有了自己的目标，他要用篮球让自己逃离贫穷，他有信心，也有决心。但当时很少有人会相信巴克利可以做到，甚至讥笑他在白日做梦，因为他没有表现出足够的篮球天赋。在高一的时候，巴克利的身高还只有178厘米，所以他连校队都没能入选，但近100千克的夸张体重却让教练建议他去打美式足球。虽然如此，巴克利还是丝毫没有动摇自己的决心，他坚持每天练球直到深夜，风雨无阻，毫不理会别人的嘲笑。为了锻炼弹跳力，巴克利每天都在顶端非常尖锐的栅栏上跳来跳去，吓得他的母亲和外婆心惊肉跳。他要告诉每一个人，他一定可以实现自己的梦想。母亲格莲姆总是最支持儿子的人，一直在鼓励着巴克利，让他坚持自己的理想。苍天不负有心人，经过一年的苦练，巴克利的球技有了很大的进步，他终于在高二的时候进入了校队。进入校队后,巴克利只能做替补,出场时间少得可怜,但他依旧没有怨言,一上场必倾尽全力,场下他也是训练最刻苦的一个。升高三的那个夏天,巴克利身高奇迹般地疯长了15厘米,体重也增加了10千克。这样,巴克利就具备了适合打篮球的身材,再加上刻苦练就的一身好球技,到高三的时候,他终于成为了里兹高中篮球队的先发球员。凭着对篮球的热爱,经过不懈的努力,巴克利实现了他儿时的梦想。也实现了自己对妈妈的诺言,用篮球给妈妈带来美好的生活。

出生在一个一贫如洗的家庭,一个受尽白眼的胖小子坚持自己的理想,遭挫而不折,遇悲能不伤,最后经过自己的努力成功了。巴克利的成长经历就是一个靠勤奋克服自身局限的故事,值得我们每一个人深思。巴克利说:"世上大多数人,并不知道该如何才能在芸芸众生中脱颖而出。但我在孩提时代便已经决定,无论我做什么,我都一定要成功。记住!只要你下定决心要成功,那么没有任何人能阻止你。"

天才出于勤奋。著名数学家华罗庚说：勤能补拙是良训，一分辛勤一分才。凡是在某一领域被称作天才的人，都是经过辛勤的汗水才换来这样的荣誉的。

英国画家雷诺兹曾对天才做过这样的阐释：天才除了全身心地专注于自己的目标，工作非常刻苦努力之外，与常人并无两样。如果你想在自己的生涯中取得令人骄傲的成绩，就应当为自己定下一个目标，并为之锲而不舍地努力。

美好的生活要靠勤劳获取

懒惰走得如此之慢，以致贫穷很快就赶上它。　　——富兰克林

很久以前，有一个叫汉克的年轻人，一心想成为一个富翁。他觉得成为富翁的捷径便是学会炼金之术。

因此，他把自己所有时间、金钱和精力都花在寻找炼金术这件事情上。很快他就花光了自己的全部积蓄，家中也因此变得一贫如洗，连饭都没得吃了。妻子无奈，跑到父亲那里诉苦。她父亲决定帮女婿改掉恶习。

于是他叫来汉克并对他说："我已经掌握了炼金之术，只是现在还缺少一样炼金的东西……"

"快告诉我还缺少什么?"汉克急切地问道。

"那好吧,我可以让你知道这个秘密。我需要3千克香蕉叶面上的白色绒毛。这些绒毛必须是你自己种的香蕉树上的。等到收齐绒毛后,我便告诉你炼金的方法。"汉克回家后立刻将已荒废多年的田地种上了香蕉。为了尽快凑齐绒毛,他除了种以前就有的自家的田地外,还开垦了大量的荒地。当香蕉长熟后,他便小心地从每张香蕉叶下刮收白绒毛。而他的妻子和儿女则抬着一串串香蕉到市场上去卖。就这样,10年过去了。汉克终于收集够了3千克绒毛。这天,他一脸兴奋地拿着绒毛来到岳父的家里,向岳父讨要炼金之术。

岳父指着院中的一间房子说:"现在你把那边的房门打开看看。"

汉克打开了那扇门,立即看到满屋金光,竟全是黄金,她的妻子儿女都站在屋中。妻子告诉他这些金子都是他这10年里所种的香蕉换来的。面对着满屋实实在在的黄金,汉克恍然大悟。

美好的生活要靠勤劳获取。只有脚踏实地,靠自己的双手辛勤劳动,才能够过上好的生活。

彼得大帝作为俄国王位的继任者,也是通过艰辛的努力才真正得到自己的王位的。和其他王室成员不一样,他经常换下宫廷服装,穿上工作服去从事劳动。他看到西欧文明的成果在俄国几乎不为人知,感到痛心疾首,便下定决心进行自我教育,提高自己国民的素质。26岁正是其他的王子们耽于玩乐的年龄,他开始周游各国,他的目的并不是游山玩水,而是向这些国家中的优秀

人们学习。在荷兰，他自愿为一位造船师当学徒。在英国，他在造纸厂、磨坊、制表厂和其他工厂里干活。他不仅细心地观察，而且像普通工人一样干活并拿工资。

在伊斯提亚铸铁厂，他用1个月的时间来学习怎样冶炼金属，最后一天他铸造了约300千克的铁，把自己的名字铸在了上面。其他一些陪同他出访的俄国贵族子弟可能根本没有想到他们会干这样的苦活，当然最后他们也不得不背运煤块和拉风箱。他问工头穆勒，普通的铁匠每铸16千克的铁可以得到多少报酬。"3个戈比。"穆勒回答说。但是工头付给彼得大帝18个金币。"你的金币自己留着吧，"彼得说，"我并没有比普通的工匠干更多的活，你给别人多少就给我多少吧！我想买一双鞋，我的鞋实在不能穿了。"他脚上穿的鞋已经补过一次了，现在又满是破洞。他对新买的鞋很满意，说："这是我用自己的汗水换来的。"彼得大帝铸造的一根铁棒现在还在穆勒的伊斯提亚铸铁厂展示，上面有他的名字。还有一根保存在匹兹堡的国家珍奇博物馆，作为对亲自参加工作的这位伟大国王的纪念。这对每个俄国人都是很有启发的：国家要想永远地繁荣下去，不管是农民还是沙皇，都需要像彼得大帝这样辛勤工作。

彼得大帝的事例告诉我们：只有靠自己的汗水和辛勤劳动换来的生活才是最真实、最美好的生活。俗话说，天下没有免费的午餐，要想收获美好的果实，就必须付出辛勤的劳动。

许多年前，一位很有智慧的老国王召集了他的大臣，要求他

们:"我要你们编一本《古今智慧录》留传给子孙。"接受任务的大臣离开后,工作了很长时间,最后终于完成了一套12卷的巨作。国王看了说:"各位先生,我相信这些都可以称得上是古今智慧的结晶,但是太多了,我想没人愿意把它读完。精简点!"

这些大臣又努力工作了一段时间,几经删减,写成了一卷书。可国王还是认为太长,又命令他们再浓缩。从一册到一章,从一章到一段,最后一段变成了一句:"天下没有免费的午餐。"国王看后终于满意了,也很得意。"各位先生,"他说,"这的确是古今智慧的结晶,我们全国各地的人只要知道这个真理,大部分的问题就可以解决了。"

日本有一句著名的谚语:"除了阳光、空气是大自然的赋予,其余的一切都要靠劳动才能获得。"

小克莱门斯的老师玛丽是一位虔诚的基督徒,每次上课之前,她都要领着孩子们进行祈祷。有一天,玛丽老师给孩子们讲解《圣经》，讲到"祈祷，就会获得一切"的时候，小克莱门斯忍不住站了起来，他问道："如果我祈祷上帝，他会给我想要的东西吗？""是的，孩子，只要你愿意虔诚地祈祷，你就会得到你想要的东西。"

小克莱门斯当时的梦想是得到一块很大很大的面包，因为他从来没有吃过那样诱人的面包。而他的同桌，一个金头发的小姑娘每天都会带着一块这么诱人的面包来到学校。她常常问小克莱门斯要不要尝一口，小克莱门斯每次都坚定地摇头，但他的心是痛苦的。

放学的时候，小克莱门斯对小姑娘说："明天我也会有一块大面包。"回到家后，小克莱门斯关起门，无比虔诚地进行祈祷，他相信上帝已经看见了自己的表情，上帝一定会被自己的诚心感动！然而，第二天起床后，当他把手伸进书包的时候，除了一本破旧的课本，什么也没有发现。他决定每天晚上坚持祈祷，一定要等到面包降临。

后来，金头发的小姑娘笑着问小克莱门斯："你的面包呢？"

小克莱门斯已经无法继续自己的祈祷了。他告诉小姑娘，上帝也许根本就没有看见自己在进行多么虔诚的祈祷，因为，每天肯定有无数的孩子都进行着这样的祈祷，而上帝只有一个，他怎么会忙得过来？小姑娘笑着说："原来祈祷的人都是为了一块面包，但一块面包用几个硬币就可以买到，人们为什么要花费这么多的时间去祈祷，而不是去赚钱买面包呢？"

小克莱门斯决定不再祈祷。他相信小姑娘所说的正是自己想的——只有通过实际的工作才能获得自己想要的东西。而祈祷，永远只能让你停留在等待中。小克莱门斯对自己说："我不要再为一件卑微的小东西祈祷了。"他带着对生活的坚定信心走向了新的道路。

多年以后，小克莱门斯长大成人，当他用笔名马克·吐温发表作品的时候，他已经是勤奋而且多产的作家了。他再也没有祈祷，因为在无数个艰难的日子中，他都记着：不要为卑微的东西祈祷！只有自己通过努力和辛勤的汗水换来的收获才是最真实的。

 ## 享受劳动的快乐

> 由工作产生的疲劳，能使人感到愉快；而由懒惰产生的疲劳，只能使人在休息时感到烦躁和悔恨。
> ——石川达三

劳动不仅是生存的必需，还是一种乐趣。劳动可以让人体会生活的意义和乐趣。法国著名画家格勒兹指出，劳动——从事各种有益的职业，是打开幸福大门的钥匙。

无数著名人物的亲身经历早已证明了这一真理。

早期的基督教牧师都以亲自参加各种辛苦的体力劳动为荣。

圣保罗主张"不劳动者不得食",他自己一辈子都靠自己的双手辛勤劳作来养活自己,他为自己这样活着而感到荣幸,为自己没有欠下别人一分钱而骄傲。

垒·波尼法斯到达英国之后,他一只手拿着福音书,另一只手拿着木匠用的尺子,这样做了几年牧师。后来,他又从英国辗转到了德国,他还是靠自己的木工这门手艺吃饭。

路德更是这样。路德一生干过许多活计,他干过园艺、建筑、车工工艺和钟表制造,等等。无论干什么,他都极其勤勉,他总是凭自己的劳动去获取面包。

法国新教神学家、古典学者卡佐本有一次在他的一位朋友的一再劝说之下,被迫离开工作彻底地放松几天。但他享受不了这份清闲,旋即又回到了工作岗位上,他说:"我宁可带病坚持工作,也不愿意无所事事,什么事情都不干才是最令人痛苦的事情。"

劳动不仅可以带给我们美好的生活,而且还是快乐之源。大发明家爱迪生在别人眼中是最辛苦的人,但他心中却认为自己是世界上最快乐的人。23岁时爱迪生开办了自己的工厂,招募了一批工程师、工匠,层出不穷地推出各种电气发明,这些人都热爱自己的工作,为自己充满创造力的头脑和勤劳的双手而自豪,他们都是工作狂,而爱迪生是"总工作狂"。他每天的睡眠时间不到4个小时。他的办公桌就在车间一角,每当取得一项工作突破,他就站起来,跳起非洲大陆的原始舞,嘴里还念念叨叨:"这么简单的解决办法,怎么原来没想到。"这已经成了一种标志、一种信号，工人们一看到老板跳舞，就围过来，他们知道又有新鲜事可做了。订单像雪片一样飞来，在不断增加人手的情况下还要日夜开工。工人们没有抱怨，共同的兴趣让他们和爱迪生建立了友谊，整个工厂都充满了劳动和快乐的氛围。

劳动是一种赐福，没有劳动的生活就好像是一潭死水，没有一点活力和希望。事实上，真正的幸福绝不会光顾那些精神麻木、四体不勤的人们，幸福只在辛勤的劳动和晶莹的汗水中。懒惰会使人们精神沮丧、万念俱灰，只有劳动才能创造生活，给人们带来幸福和欢乐。任何人只要劳动，就必然要耗费体力和精力，劳

动可能使人们感到精疲力竭,但它绝对不会像懒惰一样使人精神空虚、沮丧、万念俱灰。

一位心理学家认为:劳动是治疗人们身心病症的最好药物。马歇尔·霍尔博士认为:"没有什么比无所事事、空虚无聊更为有害的了。"一位大主教认为:"一个人的身心就像磨盘一样,如果把麦子放进去,它会把麦子磨成面粉,如果不把麦子放进去,磨盘虽然也在照常运转,却不可能磨出面粉来。"

劳动是一种负担,但它同时也是一种荣誉,是一种快乐,是幸福生活的源泉。年轻人要拥有一个幸福快乐的生活,就应当善于体味劳动的快乐,养成勤劳的好习惯。

第二章
自信——成功的人生始于自信

　　自信是成功的第一秘诀,是一个人取得成功的内在驱动力。只有自信的人才能够在成功的路上健步如飞,而缺乏自信的人则一定是步履蹒跚。对于青少年来说,树立起自信,用信念激发出自己内在的勇气和雄心,是他们迈向成功人生的第一步。

每个人心头都隐伏着一头雄狮

> 信心使一个人得以征服他相信可以征服的东西。　　——萧伯纳

土耳其谚语说：每个人的心中都隐伏着一头雄狮。中国古语说：人皆可以为舜尧。这些鼓舞人心的话道出了这样一个真理：每个人都可以成功。只要我们相信自己的力量，充分发挥自身的潜能，每个人都可以大有作为。

自信心是一个人取得成功的内在驱动力。它能够使弱者变强，强者更健。只有自信的人才有可能在成功的路上健步如飞，而缺乏自信的人则一定是步履蹒跚者。美国作家爱默生说得好："自信是成功的第一秘诀，自信是英雄主义的本质。"对于青少年来讲，树立起自信，用自信激发出自己内在的勇气和雄心，是他们迈向成功人生的第一步。

20世纪30年代，在英国一座普通的小城里，有一个叫玛格丽特的姑娘，从小就在父亲严格的管教下成长。父亲经常向她灌输这样的观点：无论做什么事情都要力争一流，永远走在别人前头，而不能落后于人。"即使是坐公共汽车，你也要永远坐在前排。"父亲从来不允许她说"我不能"或者"太难了"之类的话。

　　父亲这种近乎残酷的教育理念，培养出玛格丽特积极向上的决心和信心。在以后的学习、生活或工作中，她时时牢记父亲的教导，总是抱着一往无前的精神和必胜的信念，尽自己最大的努力克服一切困难，做好每一件事情，事事必争一流，以自己的行动实践着"永远坐在前排"的誓言。

　　玛格丽特上大学时，学校要求学5年的拉丁文课程，她凭着自己顽强的毅力和拼搏精神，仅在一年之内便修完了。令人难以置信的是，她的考试成绩竟然名列前茅。玛格丽特不光学业优秀，她在体育、音乐、演讲等方面也都出类拔萃。她所在学校的校长评价她说："她无疑是我们建校以来最优秀的学生，她总是雄心勃勃，每件事情都做得很出色。"

　　正是在这种"永远都要坐在前排"精神的激发下，40多年以后，玛格丽特成为英国乃至整个欧洲政坛上一颗耀眼的明星。连续4年当选保守党领袖，并于1979年成为英国第一位女首相，她雄踞政坛长达 11 年之久，被世界政坛誉为"铁娘子"。

"永远都要坐在前排"是一种积极、自信的人生态度，它可以激发积极进取的精神，促使努力把梦想变成现实。

林肯总统说过，喷泉的高度不会超过它的源头，一个人的事业也是一样，他的成就不会超过自己的信念。如果想像玛格丽特那样取得骄人的成就，就不能轻视自己的信心，以小人自甘。要树立起自信，抛弃无所作为、甘居下游的想法，充满信心地去施展自己的才华。

俄国著名的文学家高尔基说过："人最凶恶的敌人，就是意志的薄弱和信心的缺乏。"信心的缺乏会限制一个人的潜能，束缚一个人的发展。而树立自信的关键就在于我们内在的信心。

有一则寓言，说的是一个懦夫想摆脱自己软弱的个性，让自己变得勇敢起来，就报名参加了"杀兽"学校。这所学校专门培养人的能力和胆量，使人敢于拿起剑去杀死吞食少女的怪兽。校长是有名的魔术师莫里。莫里对懦夫说："你不必担心，我给你一支魔剑，此剑魔力无边，可以对付各种凶恶的怪兽。"培训中这位懦夫使用魔剑杀死了很多条模拟的怪兽。结业考试时，他将面对真的怪兽了。不料冲到山洞口，怪兽伸出头露出狰狞面目时，他抽出剑，却发现拿错了剑，魔剑丢在了学校，手中的剑只是平日用来玩的。这时后退已不可能，那样只会被怪兽吞食。他挥动那把普通的剑，居然杀死了怪兽。莫里校长对他会心地笑着，说："我想你现在已经知道了没有一支剑是魔剑，唯一的魔力在于相信自己。"

这则寓言说明了这样一个道理:每个人都有创造奇迹的魔力,只要相信自己,真正的魔剑就在自己的内心。生活中,我们难免会有畏难和退缩的时候,在巨大的困难和压力之下,我们常常会背上沉重的心理包袱,甚至会因此而丧失自信,这个时候就要勇敢地站出来,直面困难,相信自己的能力,这样,困难就不会成为成功的障碍。

著名的成功学大师拿破仑·希尔说过:"成功并不是少数人的专利,每个人的出生都是为了成为一个成功者。"只要能够在自己的内心树立起自信,就能和所有的伟人和成功者一样,拥有卓越的人生。

信念是所有奇迹的萌发点

要有自信,然后全力以赴——假如有这种信念,任何事情十有八九都能成功。
　　　　　　　　　　　　　　　　　　　　——威尔逊

美国纽约州第一位黑人州长罗尔斯从小并不怎么受老师欢迎,他跟那里很多孩子一样,有着诸多不良习惯:总是口出秽语,还喜欢逃课打架。刚上任的教师奥里森煞费苦心地劝说这些孩子,却像对牛弹琴一样,一点儿效果也没有。

奥里森实在不能认同，这些孩子再这样发展下去，便想出了一个绝妙的方法。他知道这里的人们非常迷信，于是就在课堂上给孩子们看起了手相。起初，孩子们都不太愿意接受，后来看到奥里森对大家手相的推测，将来他们一个个不是地位显赫就是财大气粗，因此孩子们也都愉快地接受了。

罗尔斯看到同伴们的命运都如此之好，便也按捺不住自己，最终走上台去，让老师也帮自己看一看。奥里森煞有介事地把这只黑糊糊的小手看了又看，"研究"了好半天，然后认真地说道："你以后一定会是纽约州的州长。"

"这是真的吗？我会是一名州长？"罗尔斯有点不敢相信自己的耳朵。他疑惑地望着老师，但从此却在心里暗暗确立了当州长的信念。

从那以后，罗尔斯改掉了自己身上的种种恶习，在他看来一个真正的州长就应该是这样的。一直以来，当州长的念头丝毫没有动摇，他始终朝着自己的目标奋斗着。51岁那年，罗尔斯登上了纽约州第53任州长的宝座。他是有史以来，纽约当选的第一位黑人州长。

在罗尔斯的就职演说中，有这么一句话。他说："信念值多少钱？信念是不值钱的，它有时甚至是一个善意的欺骗，然而你一旦坚持下去，它就会迅速升值。"

因此我们可以说：在这个世界上，信念这种东西任何人都可以免费获得。成功的人，最初都是从一个小小的信念开始的——

信念就是所有奇迹的萌发点。

　　信念是一个人成功的动力,是造就人生奇迹的伟大力量。如果你想了解奇迹背后是什么的话,那么就请你阅读一下下面这个美国小男孩的故事。

　　这名小男孩的父母希望他们的儿子能成为一位体面的医生。可是,男孩读到高中便被计算机迷住了,整天鼓捣着一台十分落后的苹果机,他把计算机的主机拆下又装上。

　　男孩的父母很伤心,告诉他,应该用功念书,否则根本无法立足社会,可是,男孩说:"有朝一日我会开一家公司的。"但是,父母根本不相信,还是千方百计按自己的意愿培养男孩,希望他能成为一位医生。

　　不久。男孩终于按照父母的意愿考入了一所医科大学,可是他仍然只对电脑感兴趣。在第一学期,他从零售商处买来降价处理的 IBM 个人电脑,在宿舍里改装升级后卖给同学。他组装的电

脑性能质量十分优良,而且价格便宜。他的电脑不但在学校里走俏,而且连附近的律师事务所和许多小企业也纷纷向他购买。

第一个学期快要结束的时候,他告诉他的父母,他要退学,父母坚决不同意,只允许他利用假期推销电脑,并且承诺,如果一个夏季销售不好,那么,就必须放弃。可是,男孩电脑生意就在这个夏季突飞猛进,仅用了1个月的时间,他就完成了18万美元的销售额。

他的计划成功了,父母很遗憾地同意他退学。

他组建了自己的公司,打出了自己的品牌。在很短的时间内,他良好的商业成绩引起投资家的关注。第二年,公司顺利地发行了股票,他拥有了1800万美元资金,那年他才23岁。10年后,他创下了类似于比尔·盖茨般的神话,拥有资产43亿美元。他就是美国戴尔公司总裁迈克尔·戴尔。比尔·盖茨曾经亲自飞赴他的住所美国奥斯汀向他祝贺。比尔·盖茨对他说:"我们都坚信自己的信念,并且对这一行业富有激情。"两位商业巨人的手紧紧地握在一起。

戴尔的成功说明,每项奇迹都是始于一个伟大的想法。或许没有人知道今天的一个想法将会走多远,但是,不要怀疑,只要静下心来,努力去做,那么心中的梦想就会触手可及。

信念好比航标灯射出的明亮光芒,在朦胧浩瀚的人生海洋中,牵引着人们走向辉煌。高高举起信念之旗的人,对一切艰难困苦都无所畏惧。相反,信念之旗倒下了,人的精神也随之垮下去。而从来就不曾拥有过信念的人对一切都会畏首畏尾，在漫长的人生旅途中抬不起头，挺不起胸，迈不开步，整天浑浑噩噩，看不到光明，因而也感觉不到人生的幸福和快乐。

一天晚上，一位名叫杰克的青年站在一条河边，一脸忧郁。

这天是他30岁生日，可他不知道自己是否还有活下去的必要。因为杰克从小在福利院里长大，身材矮小，长相也不佳，讲话又带着浓厚的法国乡下口音，所以他一直很瞧不起自己，认为自己是一个既丑又笨的乡巴佬，连最普通的工作都不敢去应聘，没有工作，也没有家。

就在杰克徘徊于生死之间的时候，与他一起在福利院长大的好朋友汤姆兴冲冲地跑过来对他说："杰克，告诉你一个好消息！"

"好消息从来就不属于我。"杰克一脸悲戚。

"不，我刚刚从收音机里听到一则消息。拿破仑曾经丢失了一个孙子。播音员描述的相貌特征，与你丝毫不差！"

"真的吗？我竟然是拿破仑的孙子？"杰克一下子精神大振，联想到爷爷曾经以矮小的身材指挥着千军万马，用带着泥土芳香的法语发出威严的命令，他顿感自己矮小的身材同样充满力量，讲话时的法国口音也带着几分高贵和威严。

第二天一大早，杰克满怀信心地来到一家大公司应聘。

20年后，已成为一家大公司总裁的杰克，查证出自己并非拿破仑的孙子，但这早已不重要了。

杰克的故事告诉我们，信念可以创造奇迹，信念能够唤起一

个人的自信。无论是谁,只要把自己的信念牢牢地根植于心,就能够克服重重困难,实现自己的理想。

自信多一分,成功多十分

> 信心和能力通常是齐头并进的。　　　　　　——约翰逊

自信是我们战胜困难,取得成功的重要动力。自信是成功的助燃剂,自信多一分,我们的成功就可以多十分。

拿破仑·希尔说:"有方向感的自信心,令我们每一个意念都充满力量。当你有强大的自信心去推动你的致富巨轮时,你就可以平步青云。"

美国前总统里根在接受《SUCCESS》杂志采访时说:"创业者若抱有无比的信心,就可以缔造美好的未来。"

自信是成功不可少的条件。而当机会来临的时候,我们是否能把握住,往往取决于是否有足够的自信,下面是两个很好的例子:

第一个故事是关于《纽约时报》的一位著名记者麦克。他总是津津有味地述说他是怎样找到第一份工作的。

当时,他紧张兮兮地等在办公室门外,申请材料已经送进去

了。一会儿门开了,一个小职员出来:"主任要看您的名片。"

麦克从来就没有准备过什么名片,灵机一动,他拿出一副扑克抽出一张黑桃 A 说:"给他这个。"

半个小时后,麦克被录取了。黑桃 A 真是一张好牌。麦克若是没有足够的自信,怎敢用它当名片?

第二则故事:拳王阿里有一个绰号叫"牛皮诗大王"。他每次比赛前都喜欢做诗,以表达自己必胜的自信心。如他经常宣传的诗句是:

> 最伟大的拳王,
> 二十年前便已露锋芒。

> 我美丽得像一幅图画,
> 能把任何人打垮。
> ……
> 我预告哪个回合取胜,
> 就像这是必然的事情。
> 我把敌人玩弄于掌中,
> 迅如雷,疾如风。

也许正是因为心中充满了自信,才使得阿里一次次击败对手。在世界上,人们可能不知道外国总统是谁,但人人都知道拳王阿里。

人是自己命运的舵手,自信就是指引人生之舟航向的罗盘。

人生前途的成败得失和幸福与否,关键在于是否树立了坚强的自信心。一个人心中充满了自信,他的前程必然是一片坦途。这一点美国旅馆业大王、世界级巨富威尔逊的经历可给我们以启示。

威尔逊在创业之初,全部家当只有一台分期付款的爆米花机,价值50美元。第二次世界大战结束后,威尔逊做生意赚了点钱,便决定从事地皮生意。如果说这是威尔逊的成功目标,那么,这一目标的确定,就是基于他对自己的市场需求预测充满信心。

当时,在美国从事地皮生意的人并不多,因为战后人们一般都比较穷,买地皮修房子、建商店、盖厂房的人很少,地皮的价格也很低。当亲朋好友听说威尔逊要做地皮生意时,异口同声地反对。

而威尔逊却坚持己见,他认为反对他的人目光短浅。他认为虽然连年的战争使美国的经济很不景气,但美国是战胜国,它的经济会很快进入大发展时期。到那时买地皮的人一定会增多,地皮的价格会暴涨。

于是,威尔逊用手头的全部资金再加一部分贷款在市郊买下很大的一片荒地。这片土地由于地势低洼,不适宜耕种,所以很少有人问津。可是威尔逊亲自观察了以后,还是决定买下这片土地。他的预测是:美国经济会很快繁荣,城市人口会日益增多,市区将会不断扩大,必然向郊区延伸。在不远的将来,这片土地一定会变成黄金地段。

后来的事实正如威尔逊所料。不出3年,城市人口剧增,市区迅速发展,大马路一直修到威尔逊买的土地的边上。这时,人们才发现,这片土地周围风景宜人,是人们夏日避暑的好地方。于是,这片土地价格倍增,许多商人竞相出高价购买,但威尔逊不为眼前的利益所惑,他还有更长远的打算。后来,威尔逊在自己这片土地上盖起了一座汽车旅馆,命名为"假日旅馆"。由于它的地理位置好,舒适方便,开业后,顾客盈门,生意非常兴隆。从此以后,威尔逊的生意越做越大,他的假日旅馆逐步遍及世界各地。

威尔逊的经历告诉我们,一个人的成败和他的自信心息息相关。如果一个人时刻对自己充满自信,能够坚定不移地去做自己心中认定的事情,那么即使他才能平平,也可以取得卓越的成就。

勇于挑战自己的缺憾

对于凌驾命运之上的人来说,信心是命运的主宰。

——海伦·凯勒

汤姆·邓普生出生的时候,只有半只脚和一只畸形的右手。但是,小邓普生的父母却并不因此而沮丧,也从来不让他因为自己的残疾而感到不安。

结果是,在他们的鼓励和帮助下,邓普生竟然能够把同龄人能做的事情都能做得非常好。比如说,如果别的孩子能走16千米,那么小邓普生也就同样能走完16千米。后来,他要踢橄榄球了。经过一段时间,当他和别的孩子在一起玩的时候,他十分吃惊地发现,他能够和他们一样把球踢得同样远。

于是,他不禁对自己更加充满信心。他找人为他专门设计一只鞋子,参加了踢球测验,最终他竟然获得了冲锋队的一个球员资格。

但是冲锋队的教练却尽量委婉地告诉他,说他"不具有做职业橄榄球员的条件",促使他去试试其他的事情。

最后,他申请加入新奥尔良圣徒队,并且请求教练能给他一次机会。圣徒队的教练虽然心存疑虑,但是看到这孩子这么自信,便对他有了好感,因此就收下了他。

两个星期后,圣徒队的教练对他的印象更深了,因为他在一次友谊赛中一脚将球踢出了50米远并得分。

这是一个伟大而又激动人心的时刻,球场上坐满了66000名球迷。球是在约26米线上,比赛只剩下几秒钟,球队把球推进到41米线,但是到这个时候可以说已没有时间了。

"邓普生,进场踢球。"教练大声说。

汤姆进场的时候,他知道他的队距离分线有50米远,是由巴第摩尔雄马队的英雄毕特·瑞奇踢出来的。

球传接得很好,邓普生一脚全力踢在球身上,球笔直地前进。但是球踢得够远吗?全场的球迷屏住了自己的呼吸。

接着终端得分线上的裁判举起了双手,得了3分,球在球门横杆上几厘米的地方越过。

最终,邓普生所在的新奥尔良圣徒队取得了胜利。

球迷们狂呼乱叫,他们为踢得最远的一球而兴奋,要知道,这是只有半只脚和一只畸形的手的球员踢出来的!

"真是让人难以相信。"有人大声叫。

但是邓普生却只是笑了笑。他想起了自己的父母,他们告诉他的是他能做什么,而不是他不能做什么。

邓普生这一表现使他成为了圣徒队的球员。

在以后的赛季中,他为自己的球队赢得了99分。

他之所以创造这么了不起的记录,正如他自己所说的:"他们从来没有告诉我，我有什么不能做的。"

汤姆·邓普生的成功是一个勇于挑战自己缺憾而取得成功的感人事例。

和汤姆·邓普生一样，蒂尼·伯格斯也是一个勇于挑战自身缺憾的人，他不仅没有因为自身的缺憾而自卑，相反，他把自身的缺憾变成了自己的一种优势，这种精神，尤其值得青少年学习。

美国NBA联赛中有一个夏洛特黄蜂队，黄蜂队有一位身高仅1.60米的运动员，他就是蒂尼·伯格斯——NBA最矮的球星。伯格斯这么矮，怎么能在巨人如林的篮球场上竞技，并且跻身大名鼎鼎的NBA球星之列呢？这是因为伯格斯的自信。

伯格斯自幼十分喜爱篮球，但由于身材矮小，伙伴们瞧不起他。有一天，他很伤心地问妈妈："妈妈，我还能长高吗？"妈妈鼓励他："孩子，你能长高，长得很高很高，会成为人人都知道的大球星。"从此，长高的梦想像一粒种子在他心中生根发芽，长高的渴望越来越强烈，不可扼制。

"业余球星"的生活即将结束了，伯格斯面临着更严峻的考验——1.60米的身高能打进职业赛吗？

伯格斯横下心来，决定要凭自己1.60米的身高在高手如云的NBA赛场中闯出自己的一片天地。"别人说我矮，反倒成了我的动力，我偏要证明矮个子也能做大事情。"在威克·福莱斯特大学和华盛顿子弹队的球场上，人们看到蒂尼·伯格斯简直就是个"地滚虎",从下方传的球90%都被他收走……

后来,凭借精彩出众的表现,蒂尼·伯格斯加入了实力强大的夏洛特黄蜂队,在他的一份技术分析表上写着:投篮命中率50%,罚球命中率90%……

一份杂志专门为他撰文,说他个人技术好,发挥了矮个子重心低的优点,成为一名使对手害怕的断球能手。"夏洛特的成功在于伯格斯的矮",不知是谁喊出了这样的口号。许多人都赞同这一说法,许多广告商也推出了"矮球星"的照片,上面是伯格斯淳朴的微笑。

成为著名球星的伯格斯始终牢记着当年他妈妈鼓励他的话,虽然他没有长得很高很高,但可以告慰妈妈的是,他已经成为人人都知道的大球星了。

身高1.60米的伯格斯能够成为一名球艺出众的NBA明星,关键就在于他相信自己,并能够在此基础上充分发挥自己的"身高优势",使自己成为夏洛特黄蜂队里的超级断球手。伯格斯的成功告诉我们这样一个道理:无论是谁,只要相信自己,努力进取,劣势也可以变成自己的优势,弱项也可以转成自己的强项。

事实上,缺憾并不是自卑的理由。一个人要敢于正视自己的缺点,尤其是对年轻人而言,不要因为自己的一些缺憾而放弃成功的信心,要让自己的缺点成为自己上进的动力。

不要被他人评价所左右

> 一个人除非自己有信心,否则不能带给别人信心,信服自己的人,方可被人信服。
> ——阿诺德

社会心理学家指出,大多数人都很容易接受外来意见。人天生会受到父母、爱人、家人、朋友、领袖的影响,因此,他们的评价对孩子的成长有很大的影响。对大部分孩子来说,他们的一生已被父母设计定型,如此一来,就可能隐匿了他们内心真正的驱动力。譬如,由于贺罗德天生残疾,他的父母希望他做文书方面的工作,但他抗拒他们的建议,而做了他所希望的木匠。另一位会计肯恩也有类似的经验,他说:"我父母强调安全,他们希望我做会计工作。我赞同了他们的决定,便做了会计,但我天生实在比较喜欢表现,比较浪漫一点。"现在,他计划两年后孩子开始工作,便进艺术学校当个老学生。

大量事例都证明,轻易接受建议是危险的,旁人的建议,无法使自己变成自己真正想要成为的样子,那样容易被操纵成别人理想的样子。

"做任何事情,开始时,最为重要的是不要让那些总爱唱反调的人破坏了你的理想。"芭芭拉·格罗根指出,"这世界上爱唱反调的人真是太多了,他们随时随地都可能会列举出若干个理由,说你的理想不可能实现,在这种情况下你一定要坚定自己的立场,相信自己的力量,不要因为他人的评价而放弃自己内心的想法。"

哈代是一个发明家,但他周围的朋友和同事都认为他是一个满脑子怪念头的"傻瓜"。当他弄明白电影放映的原理之后,便从电影胶卷的转盘中产生了灵感:他让胶卷上的画面一次只向前移动一格,以便老师能够有充足的时间详细阐述画面里的内容。

这个想法让哈代遭到不少嘲笑,但是他没有因此退缩,经过反复试验之后,哈代终于成功地实现了让画面与声音同步进行的目标,创造了"视听训练法"。

另外,作为一名游泳运动员,哈代曾经两度入选美国奥运会游泳代表队,也曾经连续3届获得"密西西比河16千米马拉松赛"的冠军。哈代在游泳的时候,觉得大家在比赛时使用的游泳姿势不好,决心加以改进。

但是,当他把想法告诉教练时,教练认为他的想法太过荒唐,立刻拒绝了。一位游戏冠军也告诫他不要冒险尝试,以免不小心在水里淹死。

当然,哈代还是没有理会他们的告诫,

仍然不断地挑战传统的游泳姿势，最后终于发明了自由式游泳。自由式游泳现在已经成为国际游泳比赛的标准姿势之一。

不要怕被称为傻瓜，有时候，真理只站在少数人这边。要相信自己内心的想法，努力去实现它，这样，你才能取得人生的胜利。巴尔扎克说过："发明家全靠一股了不起的信心支持，才有勇气在不可知的天地中前进。"同样，在人生成长的道路上你也要靠自己强大的自信支持自己的行动，而不是让别人的言行左右你的成长。

杰克是一位年轻的画家。有一次他在完成一幅作品后，拿到展厅去展出。为了能听取更多的意见，他特意在他的画作旁放上一支笔。这样一来，每一位观赏者，如果认为此画有败笔之处，就可以直接用笔在上面圈点。

当天晚上，杰克兴冲冲地去取画，却发现整个画面都被涂满了记号，一笔一画没有不被指责的。他十分懊丧，对这次的尝试深感失望。

他把他的遭遇告诉了一位朋友，朋友告诉他不妨换一种方式试试，于是，他临摹了同样一张画拿去展出。但是这一次，他要求每位观赏者将其最为欣赏的妙笔之处标上记号。

等到他再取回画时，结果发现画面也被涂遍了记号。一切曾被指责的地方，如今却都换上了赞美的标记。

"哦！"他不无感慨地说，"现在我终于发现了一个奥秘：无论做什么事情，不可能让所有的人都满意，因为，在一些人看来是丑恶的东西，在另一些人眼里或许是美好的。"

画展里的这种情况，我们常常会在现实生活里碰到。同样的事，同样的人，常常会得到不同的评价。仔细想想，这也并不奇怪，因为人世间每一个人的眼光各不相同，理解事物的角度也不一样。所以遇事要用正确的思维方式去判断，不要完全相信你听到的、看到的一切，也不要因为他人一时的批评而迷失自己。

我们无论做什么，一定要对自己有一个清楚的认识，要有自己的主见，不能因为别人一时的批评和议论而迷失自己，改变自己，失去了自己的主见。

心理学家认为，外部因素虽然可以影响一个人的决定，然而真正起决定性作用的还是一个人的内心。也就是说，不经你的同意，没有人能够影响你。一个人的自信心越强，就越不容易受到外界的影响。心理学家讲过这样一个例子：如果你在船上走近一位看起来很可怜的人，对他说："你看起来好像很不舒服，你的脸色好苍白，我想你一定是晕船了。我扶你到你的船舱去。"你晕船的提示和他自己的恐惧感联结在一起，该乘客的脸色苍白了。他接受了你的扶助，到船舱里躺了下来。你消极、不好的提示被他接受之后，就成真了。

对于同一提示，不同的人会有不同的反应。这是因为他们潜意识所接受的状况和思想境界不同的关系。如果你走近的不是一名乘客，而是走到一名水手面前，同情地说："老弟，你看起来好像很不舒服。你感到难过吗？我看，你要晕船了。"

根据他的特殊身份，他不是笑说你在"开玩笑"，就是会生气。在这种情形之下，你的提示他是听不进去的。因为你的晕船提示，在他的心中引不起恐惧或忧虑，反而会激发出他的自信心。

一项提示或者评价是把某种事物状况，灌输到一个人心中的行为或步骤中。也就是一个人的心智对别人提示的想法和观念加以考虑、接受，或付诸实施的处理过程。你必须记住：一项提示如果和你的意念方向不一，就无法把某种事物状况灌输到潜意识中。换句话说，你的意识具有排斥提示的力量。譬如，对于文中的水手来说，他根本不怕晕船。他深信自己不会晕船，因此你消极、否定的提示，对他根本就不起作用。

我们之中的每个人，内心都有着自己的信念和见解。我们心里的这些认定，会统治、支配我们的生活。别人的提示本身并没有力量，除非你在心理上已经接受了它。一旦你接受了它，就会促使你思想上的改变，对你的成长轨迹造成影响。

第三章
行动——在行动中实现梦想

成功在于计划,更在于行动。再美好的梦想,没有行动,就会变成空想。再完美的计划,如果缺乏行动,就会变成空谈。只有计划才能让心中的蓝图变成现实。青少年朋友要实现自己的理想,就应当注重行动,在行动中实现自己的梦想。

只有行动才能让计划变成现实

一张地图无论多么详尽,也无法帮助它的主人前进一步。

——奥格·曼狄诺

只有行动才能让计划变成现实。一张地图,无论多么详实,比例多么精确,也永远不可能带着主人周游列国;严明的法规条文,无论多么神圣,永远不可能阻止罪恶的滋生;凝结智慧的宝典,永远不可能缔造财富。只有行动才能使地图、法规、宝典、梦想、计划、目标具有现实意义。

安妮是一个可爱的小姑娘,可是她有一个坏习惯,那就是她每做一件事时,总是爱让计划停留在口头上,而不是付诸行动。

和安妮住在同一个村子的詹姆森先生有一家水果店,里面出售本地产的草莓。一天,詹姆森先生对安妮说:"你想挣点钱吗?"

"当然想,"她回答,"我一直想有一双新鞋,可家里买不起。"

"好的,安妮。"詹姆森先生说,"隔壁卡尔森太太家的牧场里有很多长势很好的黑草莓,他们允许所有人去摘。你去摘了以后把它们都卖给我，1夸脱我给你13美分。"

安妮听到可以挣钱，非常高兴。于是她迅速跑回家，拿上一个篮子，准备马上就去摘草莓。

这时，她不由自主地想，要先算一下采5夸脱草莓可以挣多少钱比较好。于是她拿出一支笔和一块小木板，计算结果是65美分。

"要是能采12夸脱呢？"她计算着，"那我又能赚多少呢？""上帝呀！"她得出答案，"我能得到1美元56美分呢！"

安妮接着算下去，要是她采了50、100、200夸脱，詹姆森先生会给她多少钱。她将时间花费在这些计算上，一下子到了中午吃饭的时间，她只得下午去采草莓了。

安妮吃过午饭后，急急忙忙地拿起篮子向牧场赶去。而许多男孩子在午饭前就到了那儿，他们快把好的草莓都摘光了。可怜的小安妮最终只采到了1夸脱草莓。

回家的途中，安妮想起了老师常说的话："办事得尽早着手，干完后再去想。因为1个实干者胜过100个空想家。"

只有行动才能让计划变成现实。成功在于计划，更在于行动。目标再伟大，如果不落实，就永远是空想。

在一次行动力研习会上，培训师做了一个活动。

他说:"现在我请各位一起来做一个游戏,大家必须用心投入,并且采取行动。"他从钱包里掏出一张面值100元的人民币,他说:"现在有谁愿意拿50元来换这张100元人民币。"他说了几次,都没有人行动,最后终于有一个人跑向讲台,但仍然用一种怀疑的眼光看着老师和那一张人民币,不敢行动。那位培训师提醒说:"要配合,要参与,要行动。"那个人才采取行动,终于换回了那100元。那位勇敢参与者立刻赚了50元。

最后,培训师说:"凡事马上行动,立刻行动,你的人生才会不一样。"

有这么一个笑话,也说明了行动力对于成功的重要性。

有一个郁郁不得志的年轻人每隔三两天就到教堂祈祷,而且他的祷告词几乎每次都相同。

"上帝啊,请念在我多年来敬畏您的份上,让我中一次彩票吧!阿门。"

几天后,他又垂头丧气地回到教堂,同样跪着祈祷:"上帝啊,为何不让我中彩票?我愿意更谦卑地来服侍您,求您让我中一次彩票吧!阿门。"

到了最后一次,他跪着重复他的祈祷:"我的上帝,为何您不垂听我的祈求?让我中彩票吧!只要一次,让我解决所有困难,我愿奉献终身,专心侍奉您——"

就在这时,圣坛上空发出一阵宏伟庄严的声音:"我一直垂听你的祷告。可是——最起码,你也该先去买一张彩票吧!"

再美好的梦想,离开了行动,就会变成空想;再完美的计划,离开了行动,也会失去意义。青少年朋友要实现自己的理想,就应当凡事付诸行动,在行动中实现自己的梦想。

不要只生活在梦想里

"梦想家"只让自己置身于虚无缥缈之中,而不去抓住眼前稍纵即逝的光阴。
——罗曼·罗兰

约翰是一名年轻的乞丐。有一次,他整整一天都没有讨到吃的东西,到了傍晚,饥困交加的他靠在街道旁的一阶石梯上迷迷糊糊地睡着了。

睡梦中,约翰得到了一大笔金钱,他用这笔金钱开办了几家大公司,购置了一所带花园的别墅,娶了一位身材修长、美丽善良的姑娘。这位姑娘为他生了3个健壮的儿子。3个儿子长大之后,一个成了杰出的科学家,一个当上了国会议员,最小的儿子则成了一位将军。不久,儿子们都娶妻了,给他添了几位活泼可爱的孙子。

他后来成了世界级富豪，日子过得舒坦极了，他常常带着妻子和孙子们登上市内最高的观光塔，心满意足地观赏着城市的美景。一天，当他抱着最小的一位孙子正在塔顶观看晚霞的时候，不知怎么的，一下子从塔顶上摔了下来……

他一下子醒了过来，睁开眼睛一看，自己仍然躺在冰冷的石板上，刚刚发生的一切都只是在梦中。只有怀中抱着的一件破棉袄仿佛在提醒他，现在最需要的是找点填肚子的东西。

这是一个关于梦想的故事。故事中的约翰做了一场根本不可能实现的、虚幻的、甜蜜的美梦，他梦里的东西太美妙了，可惜梦想不能当饭吃，他仍然面临着生存的危机。

这个故事告诉我们，梦想固然可以带给我们希望和动力，但只有矢志不移地为自己的梦想而奋斗，为自己的梦想洒下辛勤的汗水，我们的梦想才会成为现实。

梦想是一个人成功的动力。但是梦想必须加上切实的行动才会有意义。对于"梦想"，人们有各种不同的看法。有人认为健全的人应面对现实，不应耽于幻想。也有人觉得，爱做梦的人，根本不适合在现实社会中生存。

事实上，只要能够坚持不懈地为自己的梦想而奋斗，拥有梦想并不是一件坏事。

在现实社会中，没有梦想，美国人恐怕到现在还窝在大西洋海岸的一角！没有梦想，人类恐怕到现在还只能跷着脚仰望天上的飞鸟。

记住，一旦有了梦想，就必须树立实现梦想的坚强意志和决心。如果像前文中的乞丐一样有梦想而没有努力，有愿望而不能付出努力来实行，愿望永远也不会实现。

梦里的东西最美，现实的东西最真，只有通过艰苦的工作、不断的努力，才能将梦想变成现实。

青少年容易耽于梦想，缺乏行动。那么，如何才能把自己心中的梦想化为行动，成为促使自己走向成功的潜在力量呢？

1. 正视现实

现实当然不比想象来得令人满足，但现实是现实，非想象可以比拟。想象的东西只有落实到现实才有意义。如果一个人能正视现实，那么，当想象不能实现时，他也不会因此而灰心，而会继续向着自己的目标，向着成功不断地迈进。

2. 学会比较

比较，就是同别人或同以前的自己进行比较。只有不断地比较，才能发现真正的自己与世界，才能正确看待眼前的现实。

3. 当空想实在不可抑制时，就去努力实现它

既然是空想，当然不能实现。但是，当你为了这个空想去拼搏了，虽然不能实现这个空想，但是行动本身仍会给你带来成功。这种成功，虽然比空想的来得小，但一定比现实的来得大。

4. 成功来自踏踏实实的努力，而不是想入非非

一步一个脚印的努力，这样的要求，虽说是陈词滥调，可是，真理虽然朴素，却总能放出光芒。

用目标激励行动

> 只要不丧失目标,走得最慢的人,也比漫无目的地徘徊的人走得快。
> ——莱辛

目标是一个人成功路上的里程碑。目标能给你一个看得见的靶子,当你一步一个脚印去实现这些目标时,就会更加信心百倍,会生出成就感,向高峰挺进。

成功学专家拿破仑·希尔说过,不甘做平庸之辈的人,必须要有一个明确的追求目标,这样才能调动起自己的智慧和精力,全力以赴为自己的目标而行动。

目标是一种持久的热望,是一种深藏于心底的潜意识。它能长时间调动你的创造激情,调动你的心力。一旦想到这种强烈的愿望,你就会有一种原子能般的动力,就会有一种钢铸的精神支柱;一想到它,你就会为之奋力拼搏,就会忘我地投入行动。

弗拉伦兹·恰克,是第一个横渡英吉利海峡的女性。1952年7月4日,在浓雾中,她走下加利福尼亚以西37千米的卡塔标纳岛,向加州游去,她要成为第一个横渡这个海峡的女人。雾很大，甚至瞧不见领航的船只。海水冻得她浑身麻木，海中还有鲨鱼，时时在威胁着她。

15个小时过去了，她感到自己不能再游了，她要放弃了。

她的母亲和教练在另一条船上。他们告诉她离海岸很近了，劝她不要放弃，但朝加州海岸望去，她发现，除了浓雾外什么也看不到。

过了一会儿，在她的坚持下，人们把她拉上了船。

到了岸上，她渐渐觉得暖和多了。这时，她才发现，人们拉她上船的地点，离加州海岸只有800米左右。

一时间，她感到了失败的打击。

后来，她不无懊悔地对记者说："说实在的，我不是为自己找借口，如果当时我看见陆地，也许我能坚持下来。"

其实，令她半途而废的不是疲劳，也不是寒冷，而是她在浓雾中看不到目标。弗拉伦兹·恰克小姐一生中就只有这一次没有坚持到底。

两个月后，她终于成功地游过了这个海峡。

目标是一个人行动的动力，现实生活中我们会发现，那些获得成功的人始终会将目光集中在他们的目标上，他们常常在向目标奋进的过程中运用想象提醒自己目标所在。

奥林匹克运动会十项全能金牌获得者詹姆斯·卡特为了实现自己的目标，用运动器械装备了整个寓所，以便每天提醒他去实现自己的目标。他将十项全能每个项目的器械放在他不训练时也不得不看到的地方，跨高栏是他最差的一项，他就将一个栏放在起居室的正中央，每天必须跨越30次；他的门把手是个铅球；杠铃就放在室外廊檐下；撑竿跳高用的竿子和标枪在沙发后竖立着；壁橱里放着他的运动制服、棉织套服和跑鞋。詹姆斯说这种不寻常的陈设在他准备奥运会夺冠的过程中，帮助他改善了他的竞技状态。

已故网球名将阿瑟·艾虎早年也有类似的经验。

艾虎是打破网球界人种限制的特例，在他之前，网球界一直是白人的天下。艾虎在他的生命后期，全力与艾滋病对抗，以唤起人们对这个世纪病毒更大的重视与关切。

他的一生可说是一连串设定并达到目标的过程。艾虎早年在网球场上开始了这种模式，他学会了如何获得成就感，一次只订立一个目标。

艾虎一生都坚持这样的信念："每次你订立一个目标，然后完成那个目标，这样你就可以在目标的激励下不断前进。"

艾虎一生都以这种方式过日子。他订立一个目标，一旦达到那个目标，他就再订立一个新的目标。为什么呢？他解释道："我相信，自信能改变一个人。自信也能体现到生活中很多不同的层面，使你不但对自己的专长自信，而且还能对很多其他的事提高信心。相信自己也能做到，大可运用在其他工作或另外一组目标上。"

艾虎就是运用这种订立目标的方法，登上了网球王座。他说：

"我早年的几位教练常订立清楚明确的目标,这正是我愿意遵循的。这些目标不见得是一定要像赢得巡回赛这么重大,而是将一些有待克服的困难、需要努力与做计划的事订立为目标。如果能达到这个目标,就一定会有某种收获。不过我要再强调,不是只有赢得巡回赛可以作为目标,而是一些小目标一个个达到后,我自己都能意外地发现:'嘿!我距离得大奖越来越接近了。'"

艾虎一直以这种方式参加高难度的比赛。他说:"参加巡回赛,总想能进入复赛。比赛时,总希望漏接的反手球低于某个数字。或者是必须锻炼体力到一定的程度,气候太热时,才不至于很快就感到疲倦。这一类的小目标,可以帮助你将世界第一或赢得巡回赛这类的远大目标分解开来,变得更容易实现。"

做好行动前的准备

> 只有最充分的准备才能换来最好的结果。　　——拿破仑·希尔

第二次世界大战期间,具有决定性意义的诺曼底登陆是非常成功的。为什么那么成功呢?原来美英联军在登陆之前做了充分的准备。他们演练了很多次,他们不断演练,演练登陆的方向、地点、时间以及一切会遇到的事情。最后真正登陆的时候,已经

胜券在握，登陆的时间与计划的时间只相差几秒钟。这就是准备的力量。

古人说得好，有备无患。只有充分准备才能换来最好的结果。一个人准备工作做得越充分，成功的可能性就越大，我们常说：养兵千日，用兵一时。这也是一种准备哲学。

在吸引了几乎全世界人眼球的拳坛世纪之战中，当时正如日中天的泰森根本没有把年近40岁的霍利菲尔德放在眼里，自负地认为可以毫不费力地击败对手。同时，几乎所有的媒体也都认为泰森将是最后的胜利者。美国博彩公司开出的是22赔1泰森胜的悬殊赔率，人们也都将大把的赌注押在了泰森身上。

在这种情况下，认为稳操胜券的泰森对赛前的准备工作——观看对手的录像，预测可能出现的情况及应对措施，保证自己充足的睡眠和科学的饮食方面都敷衍了事。

但是，比赛开始后，泰森惊讶地发现，自己竟然找不到对手的破绽，而对方的攻击却往往能突破自己的漏洞。于是，气急败坏的泰森做出了一个令全世界都感到震惊的举动：一口咬掉了霍利菲尔德的半只耳朵！

世纪大战的最后结局当然是泰森成了一位可耻的输家，还被内华达州体育委员会罚款600万美元。

泰森输在准备不足。当霍利菲尔德认真研究比赛录像，分析他的技术特点和漏洞时，泰森却将教练准备的资料扔在了一边；当对手在比赛前拼命热身，提前进入搏击状态时，他却和朋友在一起狂欢。虽然泰森的实力确实比对手高出一筹,从年龄上也占尽了优势,但他最后却一败涂地。

霍利菲尔德的成功和泰森的失败都在于准备。是的,每一件差错往往因准备不足,每一次成功又往往因准备充分。

当然,在这种一战定胜负的比赛中,偶然性确实占了很大的比重。这个时候,比的并不是谁的实力更强,而是谁犯的错误更少。只有真正地重视准备,扎实地把准备工作都做到位,才能从根本上保证你不犯或少犯错误。葡萄牙波尔图足球队的主教练、被称为"上帝第二"的穆里尼奥说过一句很著名的话:"当准备的习惯成为你身体的一部分,它就会永远在那里,并帮助你取得令人惊讶的胜利。"

穆里尼奥曾担任葡萄牙球队波尔图的主教练,率领球队征战欧洲冠军联赛时,几乎没有人相信他们能杀入决赛,更别提夺得冠军了。但结果却使所有人都大跌眼镜,这个从队员到主教练都无名的俱乐部,竟然得到了欧洲足球的最高荣誉。

确实,波尔图的队员们和皇马、米兰等大牌球队的球星相比,无论名气上还是实力上都相差悬殊;当时的穆里尼奥和卡佩罗、马加特、扎切罗尼等知名教练相比,也不可同日而语。但穆里尼奥却有一个胜利的武器:对准备工作超乎寻常地重视。他几乎观看了所有对手最近的每一场比赛,可以说,所有对手的技术特点、战术风格、最近的状态他都了如指掌;甚至对比赛当天的天气、场地草皮的状况,他都进行了详细的了解并制定了相应的对策。

结果在决赛当天,他使用的队员、阵型、战术打法都直指对方的软肋,就像他夺冠后所说的那样:"如果大家知道我们为了取得胜利而研究了多少场比赛,准备了多少资料,筹划了多少方案,就会认为这个冠军我们当之无愧。"

当时,有相当多的人认为穆里尼奥的成功只是运气好,再加上那些大牌球队在对无名球队时缺少重视和兴奋感,才让他捡到了一个冠军。其实,穆里尼奥的胜利是必然的,因为他的准备工作比任何人都充分,正是因为对准备超乎寻常地重视,才使他站到了欧洲足球之巅。

功成名就的穆里尼奥在夺冠的第二年来到英超球队切尔西,这里汇集了很多世界级的大牌球员。当穆里尼奥和这些队员们第一次见面的时候,他所做的第一件事是打开随身携带的笔记本电脑,开始如数家珍地介绍这些球员:从技术风格、进球数、身高体重,甚至详细到哪些是左脚打进的、哪些是右脚打进的,都了如指掌。穆里尼奥的这一举动一下子就震住了那些球星。不过,这只是开始,他们更没有想到的是,主教练这种近乎完美的准备工作会使他们在后面的比赛中取得一

个又一个胜利。

在穆里尼奥的带领下,切尔西队不管是在国内联赛还是在欧洲冠军联赛,都取得了一连串的胜利。穆里尼奥出名了,但他在赢得别人尊重的同时,又被许多对手厌恶。喜欢他的人称他为"上帝第二",讨厌他的人却称呼他"魔鬼"。

现在,不管是欣赏他还是厌恶他的人,都开始研究穆里尼奥,他们总结了很多条,比如,善于用人,阵型选择合理,自信等。遗憾的是,却很少有人领会到穆里尼奥成功的真正原因——充分的准备。

这是为什么呢?原因就在于,准备太重要,但也太平常了,我们大家几乎每天都生活在准备之中,所以,反而对它的重要性视而不见。提起准备,也许有人会说:"准备没有什么了不起。"但就是这不起眼的准备,却能造就神奇的成功;反之,也能造成痛苦的失败。

 ## 不要被想象中的困难吓倒

想象中的困难要大过于实际上的困难。　　——莎士比亚

所有的困难都是纸老虎,你越是怕它,它就越强大;你如果

积极想办法，努力地去解决，那些看起来难以解决的问题就会迎刃而解。

琳达是一位中年妇女，自从她嫁到现在所在的这座农场，那块石头就已经在这里了。石头的位置刚好位于后院的屋角，而且是一块形状怪异、颜色灰暗的怪石。它的直径大约1米，从屋角的草地里突出将近2厘米。如果不小心，随时都有可能被它绊倒。

有一次，琳达使用割草机清除后院的杂草时，不小心碰到了石头，割草机高速运转的刀片就这样被碰断了。因为常常造成不便，所以琳达就对丈夫说："能不能想个办法，把这块石头挖走呢？"

"不可能挖起来的。"丈夫这么回答，琳达的公公也表示同意。

"这个石头埋得很深。"公公对琳达说，"从我小时候，这块石头就在这里了，从来没有人尝试把它挖起来。"

石头就这样继续留在后院里。年复一年，琳达的孩子们出生，然后成家，接着是琳达的公公去世，到最后，琳达的丈夫也去世了。

在丈夫的葬礼过后，琳达开始打起精神清理房子，这个时候她看见了那块石头，因为它的关系，周围的草坪始终无法生长良好。

于是琳达拿出了铁铲和手推车，准备花上一整天的时间挖走这块石头。没想到才过了十几分钟，石头就已经开始松开，而且一会儿工夫就被琳达给挖出来了。

原来，这颗石头只不过几十厘米深而已，于是，那块原本每一代都认定没办法移动的石头，就这样简单地被移走了。

如果琳达没有亲自动手去做,关于这块石头难以移动的"神话",或许也就这么继续流传下去了。

困难到底是不是困难,必须动手去做才会知道。如果你只是在一旁空想,那么这个世界对你而言,会是被重重"困难"包围的可怕环境,而你,永远也无法破除困难,往前再进一步!

很多人成功靠的就是这种勇于行动、不被想象中的困难吓倒的精神。

日本冈山市有栋非常漂亮气派的5层钢筋水泥大楼。这栋大楼就是条井正雄所拥有的冈山大饭店。然而,谁也没想到,条井当年身无分文却盖起了这栋大楼。

条井以前是一个银行的贷款股长,一直负责办理饭店旅馆业的贷款工作。10年的工作,使他学到了丰富的旅馆经营知识,这时心里自然也产生了经营旅馆的渴望。为了求得更完整的方案,他实地做了精密的调查,调查结果是来冈山市的旅客中,有97%

是为商务而来的。然后,他又在公路边站了3个月,调查汽车来往情况。然而,当时冈山市的旅馆却没有一家拥有像样的停车场设施。他想,将来新盖的饭店,必须具有商业风格,而又附设广阔的停车场,以此来吸引旅客。他又花费1年时间,制成几张十分阔气的饭店设计图纸和一份经营计划书。抱着试试看的心情,他来到冈山市最大的建筑公司碰运气。

一位主管看了条井的设计后,问他:"你准备了多少资金来盖这栋大楼?"

"我一分钱也没有,我想,先请你们帮我盖这栋大楼,至于建筑费,等我开业之后,分期付给你们。"条井泰然自若地回答。

"你简直是在白日做梦,真是太天真啦,请你把这个设计图拿回去吧!"

"这几张图纸和计划书是我花了两年的时间做成的,我认为很完整。请你们详细研究,我以后再来讨教!"条井不再多言,把设计图丢在那里,掉头就走。

半个月后,奇迹发生了,这个建筑公司约他去面谈。该公司的董事和经理济济一堂,从上午8点到下午4点,一个接一个地向他提各式各样的问题,那种场面真是令人心惊肉跳。然而,难以令人相信的事终于发生了,建筑公司决定花2亿日元替这位身无分文的先生盖饭店。

1年后,饭店落成了,条井成了老板。

方法总比困难多。所有的困难在智慧和行动面前都会变得不值一提。

1968年春,罗伯·舒乐博士立志在加州用玻璃建造一座水晶大教堂,他向著名的设计师菲力普·强生表达了自己的构想:

"我要的不是一座普通的教堂,我要在人间建造一座伊甸园。"

强生问他的预算,舒乐博士坚定而坦率地说:"我现在一分钱也没有,所以100万美元与400万美元的预算对我来说没有区别。重要的是,这座教堂本身要具有足够的魅力来吸引人们捐款。"

教堂最终的预算为700万美元。700万美元对当时的舒乐博士来说是一个不仅超出了能力范围也超出了理解范围的数字。

当天夜里,舒乐博士拿出一页白纸,在最上面写上"700万美元",然后又写下了10行字:

(1)11笔700万美元的捐款。

(2)27笔100万美元的捐款。

(3)314笔50万美元的捐款。

(4)428笔25万美元的捐款。

(5)570笔10万美元的捐款。

(6)6100笔7万美元的捐款。

(7)7140笔5万美元的捐款。

(8)8280笔5.5万美元的捐款。

(9)9700笔5万美元的捐款。

(10)101万扇窗户,每扇700美元。

60天后,舒乐博士用水晶大教堂奇特而美妙的模型打动了富

商约翰·可林,他捐出了第一笔100万美元。

第65天,一位倾听了舒乐博士演讲的农民夫妻,捐出1000美元。

90天时,一位被舒乐博士孜孜以求精神所感动的陌生人,在生日的当天寄给舒乐博士一张100万美元的银行本票。

8个月,一名捐款者对舒乐博士说:"如果你的诚意和努力能筹到600万美元,剩下的100万美元由我来支付。"

第二年,舒乐博士以每扇500美元的价格请求美国人订购水晶大教堂的窗户,付款办法为每月50美元,10个月分期付清。6个月内,1万多扇窗户全部售出。

1980年9月,历时12年,可容纳1万多人的水晶大教堂竣工。这成为世界建筑史上的奇迹和经典,也成为世界各地前往加州的人必去瞻仰的胜景。

水晶大教堂最终造价为2000万美元,全部是舒乐博士一点一滴筹集而来的。

许多困难乍一看起来像大山一样不可撼动,然而我们本着从零开始,点点滴滴去实现的决心,有效地将问题分解成许多板块,那么,再大的困难也阻止不了我们行动的步伐,所有的困难都会被我们顺利解决。

第四章
认真——成功就怕"认真"二字

世界上怕就怕"认真"二字，无论做什么事情，只有抱着认真的态度才能够将它做好。青少年要有所成就，就要养成认真细致的品质，形成认真做事的习惯。不积跬步，无以至千里。青少年要成就一番伟业，就必须从身边最容易的事情入手，认真地做好每一件小事。踏踏实实地做好每一件事，你才能够更快地走向成功。

专心致志,一次做好一件事

一个人不能骑两匹马,骑上这匹就要丢掉那匹。　　——歌德

专注的力量是惊人的,集中精力专注于自己正在做的事情,做起事来不仅轻松、有效率,而且也能够把事情做得更好。

做事情专心致志,心无旁骛,才能够把事情做好,取得"真功"。而那些能够在事业上取得卓越成就的人无一不是做事十分认真投入的人。

在历史上,阿基米德不仅是一位伟大的数学家,还是一位伟大的力学家。他通过大量实验发现了杠杆原理,又用几何演绎的方法推出了许多杠杆命题,并给出了严格的证明。其中就有著名的"阿基米德定理"。不仅如此,阿基米德还是一位十分出色的工程师,他能够把数学和生活中的具体问题结合起来考虑,大胆地运用数学方面的知识去解决天文学和物理学的问题他之所以能够取得如此辉煌的成就,就是因为他是一个非常投入的人。

据记载,阿基米德钻研数学的时候非常专心,往往因为过于投入而忘记了其他事情。比如在冬天吃饭的时候,他就坐在火盆旁边,一只手端着饭碗,一只手在火盆的灰烬里比画着,进行各

种数学习题的运算，过于投入而忘了吃饭。

有一次，因为一道数学题没有找到答案，他很长时间都把自己关在房间里苦思冥想，由于一直没有时间去洗澡，他身上的污垢散发出一股难闻的气味。在家人的一致要求下，阿基米德才勉强进了浴室。

那时候的人们都有个习惯，洗完澡之后要往身上擦香油膏。阿基米德呆在浴室里好半天还不出来，家里人感到十分奇怪。他们站在门外喊了几声，可是一点回应也没有。这是怎么回事？会不会出了什么意外？

家人赶紧推开门，令人哭笑不得的是，他们发现阿基米德已经忘了自己是在洗澡，他把浴室当成了工作室，正坐在浴盆的边缘，用手指头蘸着香油膏在皮肤上画几何图形哩！

和阿基米德一样，著名的科学家居里夫人也有着非凡的注意力。

她小时候读书很专心，完全不知道周围发生的一切，即使别的孩子为了跟她开玩笑，故意发出各

种使人不堪忍受的喧哗,都不能把她的注意力从书本上移开。有一次,她的几个姊妹恶作剧,用6把椅子在她身后造了一座不稳定的三角架。她始终在认真看书,没有发现头顶上的危险。突然,"木塔"轰然倒塌,引起周围的孩子们的哄笑。

至于科学家牛顿把怀表当鸡蛋煮;黑格尔一次思考问题,在同一地方站了一天一夜;爱因斯坦看书入了迷,把一张价值1500美元的支票当书笺丢掉等轶事,都是这些伟大人物注意力高度集中,事业上成功的典型例子。

化学家告诉我们,如果把4000平方米草地所具有的能量聚集在蒸汽机的活塞杆上,那么它所产生的动力足以推动世界上所有的磨粉机和蒸汽机。但是,因为这种能量是分散存在的,所以从科学的角度来说,它基本上毫无价值可言。这也说明,能量一旦聚焦于一点,将会产生多么大的动力。

伊格诺蒂乌斯·劳拉有一句名言:"一次做好一件事情的人比同时涉猎多个领域的人要好得多。"在太多的领域内都付出努力,我们就难免会分散精力,阻碍进步,最终一无所成。圣·里奥纳多在一次给福韦尔·柏克斯顿爵士的信中谈到他的学习方法,并揭示了他成功的秘密。他说:"开始学法律时,我决心吸收每一点有用的知识,并使之同化为自己的一部分。在一件事没有充分了解清楚之前,我绝不会开始学习另一件事情。"

专注是成功的重要保证。一位记者问爱迪生:"成功的首要条件是什么?"他回答道:"如果你有一种让自己的身心全部投入到同一个问题中而且不知疲倦、锲而不舍的能力,你离成功就不远了。我们每个人拥有的学习、工作、生活的时间差不多,早上 7 点起床晚上 11 点睡觉。之所以我能够取得成功,是因为他们会在这些时间里做许多许多的事情,而我只做一件,这就是区别。倘若他们将时间和精力放到同一个方向上,他们也能成功。"

一旦专注某种事物,人们会将自己有限的资源投入这种事物中去,对于别的事物则不会产生兴趣,从而节约了时间和精力。这种专注能够让你的思维处于连续的工作中,积极地思考必能取得好的结果。同时,专注会蓄积你全身的热忱,你的思维、你的行动会变得积极而迅速。

 精益求精,尽善尽美

> 如果你能够真正地做好一枚曲别针,要比制造一架粗陋的蒸汽机更有价值。
> ——阿尔伯特·哈伯德

罗丹是一位闻名于世的雕塑家。有一天,罗丹在他的工作室向一位来访者解释为什么自他上次来参观到现在,自己都忙于这个雕塑的创作,而迄今为止还有一部分未完成。罗丹一边用手指着雕塑一边认真地说:"这个地方,我仍需要润色一下,让它看起来更加光彩夺目,这样整个面部的表情会因为光彩的增加而更

71

柔和。当然在它的衬托下,"他又用手指了一下说,"那块肌肉也会显得强健有力。然后呢,"他顿了一下说:"嘴唇会更富有表情。当然,全身会因为以上的种种而显得更加有力度。"

那位来访者听了罗丹的介绍,疑惑不解地说:"您所说的相对于这座雕塑像来说,好像都是些琐碎之处,它们在整个雕像中并不是那么引人注目!"

罗丹回答道:"也许如此,但是你一定要知道,也正是你所说的这些琐碎的、不引人注目的细小之处才使整个作品趋于完美呀!而对于一件作品来说,完美的细小之处可不是件小事情呀!"

那些凡是能够在事业上取得卓越成就的人大都是像罗丹一样认真地对待自己要做的事情,他们做事精益求精,尽善尽美。事实证明,一个人只有抱着精益求精的态度去做事,才能把事情做到尽善尽美。

前美国国务卿基辛格博士,在诸事繁忙之时,仍然坚持让下属不断地培养关注细节的习惯。他的助理呈递一份计划给他,数天之后助理问他对其计划的意见时,基辛格和善地问道:"这是不是你所能做的最佳计划?"

"嗯……"助理犹疑地回答,"我相信再做些改进的话,一定会更好。"

基辛格立刻把那个计划退还给他。

努力了两周之后,助理又呈上了自己的成果。几天后,基辛格请该助理到他办公室去,问道:"这的确是你所能拟定的最好计划了吗?"

助理后退了一步,喃喃地说:"也许还有一两点可以再改进一下,也许需要再多说明一下……"

助理随后走出了办公室,腋下夹着那份计划,他下定决心要拟出一份任何人——包括亨利·基辛格都必须承认的"完美"计划。

这位助理日夜工作,有时甚至就睡在办公室里,3周之后,计划终于完成了!他很得意地跨着大步走入基辛格的办公室,将该计划呈交给国务卿。

当听到那熟悉的问题"这的确是你能做到的最最完美的计划了吗"时,他激动地说:"是的。国务卿先生!"

"很好。"基辛格说,"这样的话,我有必要好好地读一读了!"

基辛格虽然没有直接告诉他的助理应该做什么,然而却通过这种严格的要求来训练自己的下属怎样完成一份合格的计划书。

青少年做事情多数都像例子中的下属一样,浅尝辄止,往往在事情还没有臻于完美的时候便匆匆了事,结果自然是错漏百出,不尽如人意。俗话说,"慢工出细活",要做好一件事情,就必须认真细致地做好每一个细节,追求每一个细节的完美,这样才

能将事情做到尽善尽美。

1886年，为了纪念崇尚自由精神的美利坚合众国成立，法国政府送给美国一座雕刻历时10年、高约46米的自由女神像。女神的外貌设计源于雕塑家的母亲，高举火炬的右手则以雕塑家妻子的手臂为蓝本。这座自由女神像象征着美国人民的自由精神。直至今日，这座雕像依然是美国最具代表性的景观之一，而且随着时代的发展，自由女神像历经沧桑，它几乎已经成为全球所有为自由而奋斗的人心目中神圣的向往。

人们怀着这种神圣的向往，从四面八方涌来，为的就是一睹自由女神的风采。在雕像耸立于美国自由广场的100多年以后，有一位画家和朋友乘坐一架私人小飞机飞到了距离地面约100米的高空，画家和他的朋友清楚地看到了自由女神像头部的所有细节：一缕缕飘逸而韧性十足的头发，丰富的脸部表情，额头、鼻翼两侧还有耳廓边的每一个线条，以及坚定地望着前方、充满火热激情的眼睛，所有的一切都被雕塑家表现得栩栩如生。这位画家素以对作品无比挑剔和苛刻著称，但是看到眼前美轮美奂的自由女神像，他也不由地赞叹，这座雕像简直是巧夺天工。

在1886年之前，飞机还没有被发明制造出来，而雕塑家却尽其所能地完成雕像的每一个部分，丝毫没有忽略任何一个细节。

一个多世纪以前，这位雕塑家用自己的双手一刀一锉地刻出每一个完美的细节，即使是最细微、最不可能为人所注意的部位也没有丝毫马虎，他甚至不考虑自己精心雕刻的某些细节可能永远都不会被看到。但他始终没有放松对自己的要求，他在巨大的自由女神像上一刀一刀地刻着，在他眼中只有手中的刀锉和刀锉下的完美细节。也正是因为雕塑家鬼斧神工的雕刻技术，以及他对于完美细节的不懈追求，巨大的自由女神像才以近乎完美的形象展现在人们面前，同时展现在人们眼前的还有雕塑家的精巧技艺及其通过每一个细节向人们传递的自由精神。

这位自由女神像的雕塑者就是弗雷德里克·奥古斯塔·巴托尔迪。他的名字将和自由女神像一样流传千古，他向人们传递的自由精神将会被千万代的人所铭记。

弗雷德里克的雕刻带来这样的启示：只有认真才能够将事情做到尽善尽美。青少年要成就一番事业，就必须养成这种做事认真、精益求精的习惯。

纳迪亚·科马内奇是第一个在奥运会上赢得满分的体操选手，她在1976年蒙特利尔奥运会上完美无瑕的表现，令全世界为之疯狂。

在接受记者采访的时候，纳迪亚·科马内奇谈到她为自己所设定的标准以及如何维持这样的高标准时说："我总是告诉自己'我能够做得更好'，不断驱策自己更上一层楼。要拿下奥运金牌，就不能过正常人的生活，要比其他人更努力才行。对我而言，做个正常人意味着过得很无聊，一点儿意思也没有。我有自创的人生哲学：'别指望一帆风顺的生命历程，而是应该期盼成为坚强的人。'"

只要你肯坚持,事情总能够做得更好。青少年应当把"我能够做得更好"当成自己的座右铭,不断激励自己朝着更高的目标去努力,这样才能够更快地走向成功。

不要做差不多先生

差之毫厘,谬以千里。

——古谚

生活中,"差不多"是很多人的口头禅,这是很多人做事马虎轻率的直接原因。"差不多"是一种看似聪明实际糊涂的做事态度,小则影响一个人的成败,大则关系整个民族的兴衰。学者胡适先生在著名的《差不多先生传》中对这种"差不多精神"做了生动的刻画,下面的内容就节选自这篇文章:

差不多先生的相貌和你我都差不多。他有一双眼睛,但看得不很清楚;有两只耳朵,但听得不很分明;有鼻子和嘴,但他对于气味和口味都不很讲究;他的脑子也不小,但他的记性却不很精明,他的思想也不很细密。

他常常说:"凡事只要差不多就好了,何必太精明呢?"

他小的时候,妈妈叫他去买红糖,他却买了白糖回来,妈妈骂他,他摇摇头道:"红糖白糖不是差不多吗?"

他在学堂的时候,先生问他:"直隶省的西边是哪一个省?"他说是陕西。先生说:"错了。是山西,不是陕西。"他说:"陕西同山西不是差不多吗?"

后来他在一个钱铺里做伙计,他也会写,也会算,只是总不精细,十字常常写成千字,千字常常写成十字。掌柜的生气了,常常骂他,他只是笑嘻嘻地说:"千字比十字只多一小撇,不是差不多吗?"

有一天,他为了一件要紧的事,要搭火车到上海去。他从从容容地走到火车站,结果迟了两分钟。火车已在两分钟前开走了。他白瞪着眼,望着远远的火车上的煤烟,摇摇头道:"只好明天再走了,今天走同明天走,也差不多。可是火车公司,未免也太认真了,8点30分开同8点32分开,不是差不多吗?"他一面说,一面慢慢地走回家,心里总不很明白为什么火车不肯等他两分钟。

有一天,他忽然得了急病,赶快叫家人去请东街的汪大夫。家人急急忙忙地跑去,一时寻不着东街汪大夫,却把西街的牛医王大夫请来了。差不多先生病在床上,知道寻错了人,但病急了,身上痛苦,心里焦急,等不得了,心里想道:"好在王大夫同汪大夫也差不多,让他试试看吧。"于是这位牛医王大夫走近床前,用医牛的法子给差不多先生治病。不到一刻钟,差不多先生就一命呜呼了。

差不多先生差不多要死的时候,一口气断断续续地说道:"活人同死人也差……差……差……不多……凡事只要……差……

差……不……就……好了……何……何……必……太……太认真呢？"他说完这句格言，方才绝气。

这篇著名的文章可谓是道尽了"差不多"思想的危害。青少年在做事和学习上的马马虎虎，并不是一日两日就见危害的，所以也往往为人所忽视。但是，"差之毫厘，失之千里"。开始差不多，天长日久，积少成多，几年、十年、几十年以后，学习上马虎、不严格的人，比起那些严格要求的人来就差得多了。这是我们应该切记的。

粗心马虎、做事差不多就行的习惯是可以改变的。下面就是几种改掉马虎习惯的方法，可以帮你去掉"差不多先生"的"头衔"。

1. 集中精力，重视眼前

把注意力集中在我们的现实世界中，不要太多地追悔过去，不要沉溺于冥想未来，而应全力以赴把握眼前，重视当下的学习和生活。

2. 排除干扰，稳定情绪

每个人的心理能量都是有限的，如果被过多杂务干扰，心绪烦乱，情绪不稳，你就容易涣散注意力，就很难做到全神贯注。要真正做到细心谨慎，必然要处理好自身的各种心理困惑，保持一颗平静的心，正所谓"宁静而致远"。

3. 赋予自己责任，切实用心

任何事情，都是事在人为。同样一件事，能够敢负责任、切实用心，就可能成就一篇杰作；如果毫不在乎，不当回事，就可能竹篮打水一场空。只要能够负起责任，就有一种油然而生的神圣责任感和使命感，就有可能激发全部的智慧，调动无穷的潜力。因此从这个意义上说，细心很大程度上依赖于责任心。

4. 培养兴趣

我们深知，一旦自己对于某事有了浓厚兴趣，常能乐此不疲、流连忘返，也就能够精心钻研、细心考量。如果缺乏兴趣，就容易心猿意马、朝三暮四，难以做到持久的静心、细心，更不可能保持足够的耐心。我们理应认识到自身的优势，做自己想做又能做的事情，然后将潜力发挥到极致，这样才能真正维持住持久的细心。

对小事认真才能对大事认真

　　天下大事，必做于细；天下难事，必做于易。　　　　——老子

古人云："不积跬步，无以至千里；不积小流，无以成江海。"说的就是"要想成大事必须认真从小事做起"的道理。天下大事，必做于细；天下难事，必始于易。青少年要成就一番伟业，就必须从身边最容易的事情入手，认真做好每一件事。做好小事才能够成就大事。

海尔的总裁张瑞敏说:"把每一件简单的事做好就是不简单,把每一件平凡的事做好就是不平凡。"

一心渴望伟大,伟大却了无踪影;甘于平淡,认真做好每一件小事,伟大却不期而至。这就是小事的魅力。

日本国民一直传颂着一则动人的故事:多年以前,一个妙龄少女来到东京帝国酒店当服务生。这是她的第一份工作,她将从这里迈出人生的第一步。为此她暗下决心:一定要好好干,干出成绩来!

可她万万没有想到,上司安排她这个漂亮姑娘去刷洗厕所!

对于刷洗厕所这样的工作,除非万不得已,一般人都不会主动承受,更何况是一个天性喜爱洁净的少女呢?她能干得了吗?

开始,她虽然不停地暗下决心,鼓足勇气去尝试、去适

应,但是,真正用自己白皙的小手拿着抹布伸进马桶里时,视觉和嗅觉上的反应还是侵袭而来,让她感到恶心,胃里立即翻江倒海,想呕吐又吐不出来,实在太难受了!而老板对工作质量的要求是:必须把马桶抹洗得光洁如新!

她当然明白光洁如新是什么含义,也知道这样高标准的质量要求对自己意味着什么。她为此而痛苦,陷入了困惑与苦恼之中。她也想过退却,想过辞职另谋职业,但是她又不忍心自己人生面临的第一课就以失败告终。她认为那是非常丢人的事情,她真的不甘心就这样败下阵来。她想起了自己刚来的时候曾经下过的决心:人生第一步一定要走好!可是,即使她憋足了气要干好工作,还是适应不了这样的工作环境。

就在这时,一位令她感激万分的前辈站到了她面前,用自己的行为解除了她心头的苦恼和困惑。他并没有对她反复说教,而是非常认真仔细地为这位姑娘做示范。他一遍一遍地抹洗着马桶,直到擦得光洁如新。然后他从马桶里盛了一杯水,一饮而尽。

这告诉了她一个极为朴实的道理:光洁如新的要点在于新,新的东西就一点也不脏,新容器里的水是完全可以饮用的;反过来,只有马桶里的水达到了可以喝的程度,才算是把马桶抹得光洁如新了。而这一点已经被证明是完全可以做到的。

就这样,这个日本小姑娘从前辈的关怀、鼓励中获得了战胜困难的勇气和信心。她激动得不能自持,从身体到灵魂都震颤不已。她从目瞪口呆到热泪盈眶,从如梦初醒到恍然大悟,从痛下决心到付诸行动，就算今后一辈子洗厕所，也要做一名全日本最出色的洗厕人。

这位少女的成功揭示这样一个道理：一个人只有对小事认真，才能够对大事认真，踏踏实实地做好每一件小事，你才能够更快地走向成功。众所周知，日本尼西奇股份公司以小小的尿垫而与松下电器、丰田汽车等世界名牌产品一样著名。尼西奇股份公司原来是一个经营橡胶制品的小厂，订货不多，濒临破产的边缘，然而，小小的尿布却使它起死回生。如今，他们的年销售额为70亿日元，产品不仅占领了国内市场，而且行销世界70多个国家和地区。它们的经商理念是"只要市场需要，小商品同样能做成大生意"。

19世纪的英国物理学家瑞利正是从日常生活中一次端茶的小事中受到启发，而获得一种求算摩擦系数的倾斜方法，他因此而获得了意外的成功。

在我们的生活中，许多青少年年轻气盛，自恃学识高，不屑于做平凡的工作、平凡的小事，在他们心中，想的净是"伟大"的事业，而这些事业终将只有"想"的份。不管哪项伟大的事业，都必须从小事、平凡的事中总结经验，从小事中起步。

练习造就完美，熟练才能精通，再小的事情做到极致就能成就大事。大家也许还记得达·芬奇画蛋的故事吧，为了把一个蛋画好，达芬奇成百上千次地不停地画圈圈。任何事情都是这样：把小事做好，对小事认真才能对大事认真。

第五章
坚忍——在充满荆棘的道路上奋进

挫败是成长的阶梯，困境是人生的另一所大学。一个生前没有经历过困难的人，他的生命是不完整的。一个人的成长，就是经历一连串磨难和考验的过程，迎接并克服磨难，你就会拥有足够的力量和智慧。困境和磨难就好像是运动器械，可以锻炼人，使人体格强健。青少年要成为未来社会的强者，就应当在生活中磨炼自己坚韧的意志，把不幸和困难当成自己人生最好的教材。

挫折是大自然的计划

　　在科学上没有平坦的大道，只有不畏劳苦沿着陡峭山路攀登的人，才有希望达到光辉的顶点。
　　　　　　　　　　　　　　　　　　　　——马克思

　　我们深信，挫折是大自然的计划，大自然就是通过这种方法，来考验人类，促使他们在磨难中不断成长。大自然偏爱那些努力奋斗的孩子，把高尚的品格、瞩目的成就和优越的地位当成他们战胜挫折的回报。

　　困境是人生的另一所大学。我们常常羡慕那些含着金汤匙出生的人，他们有钱或有势，连上学都坐宝马车。

　　这些没什么值得称羡的，因为你自己有

真正令人羡慕的地方。如果你能把生活中的困境和挫折当成一个磨炼自身意志和成长自我的机会的话。

大自然让人们在奋斗的过程中不断成长、壮大与进步。未经磨难，一个人是不可能成功的。

一个人从生到死，就是经历一连串的成长与考验的过程，并从每一次面对挑战的经验中累积智慧。

爱默生说过："放手去做，你就会有力量。"

迎接磨难并予以克服，你就会拥有所需的足够力量与智慧。如果一个人生活在一帆风顺的环境中，没有经历过挫折的磨炼和洗礼，就好像温室里的花朵，一旦脱离了优越的成长环境，就会面临自下而上的困境。

森林中最强壮的树木，并未受到严密的保护，它们必须和环境搏斗，和周围的树木争夺养分才得以生存。

汤姆的祖父以制作马车为生。每回整地播种时，他总会留下几棵橡树，任凭它们在空旷的田地里承受风吹雨打。他这样告诫汤姆：

"那些大自然里努力求生存的橡树，比森林里受到保护的同

伴更坚实，更具韧性。祖父用那些饱经风霜的橡木制作车轮，弯成弧形的零件，不必担心会断裂。因为它们受过磨难，有足够的力量承受最沉重的负担。"

"磨难同样可以强化人们的意志。大多数的人希望一生平坦顺利，然而，未经磨难与考验，往往会庸庸碌碌过一生。"

"我们勇于面对逆境，努力奋斗，才会有更多机会。"

"磨难迫使我们前进，没有它我们将停滞不前；它引导我们通过考验，获得成功。未经磨难，无法得到有价值的经验，简单的事情每个人都可以做到。每一个成功的人，都会在生活中经过一番奋斗。人生是不断奋斗的过程，勇于面对困难，克服困难，继续迎接下一个挑战的人，就是最后的赢家。"

汤姆祖父的话指出了挫折在我们人生成长过程中的意义。苦难是人生的大学，挫败是成长的阶梯。伟大人物无一不是由苦难而造就的，一个人如果好逸恶劳，就无法战胜困难，也绝不会有什么前途。一个成功人士说："生前没有经历困难的人，他的生命是不完整的。"

困境好像运动器械，可以锻炼人，使人体格强健，所以，困境是我们成就事业最有利的因素。安德鲁·卡内基说："一个年轻人最大的财富莫过于出生于贫穷之家。"困境本来是困厄人生的，但经过奋斗而脱离困境，便是无比的快乐。

在困难面前你需要重新站起来

如果我们被打败了，我们就只有从头干起。 ——恩格斯

青少年在成长过程中难免会遇到挫折和困难，在困难面前跌倒是很正常的。关键是能够从挫折中站起来，不被困难所击跨。能够承受一次次困难和挫折的人才能够坚持到底，取得胜利。

在一则报道中有这么一个故事：有一群登山爱好者准备征服一座海拔 6000 米的高山。于是，他们组成一个小分队扎营在海拔 2000 米的营地等待天气好转。他们当中有些是专业的登山运动员，体魄健壮，经验丰富。

天终于晴朗了，微风轻吹，队员们开始行动起来，由经验丰富的队员带领出发了。

在攀登者眼中，高山有种乖顺的宁静，只有峰顶的冰川才会在阳光下闪着迷人的光辉，所以每个登山者都沉浸在攀登的乐趣中。他们用手提电台与基地保持着联系，不时地与遥远的家人通话，向亲人叙述他们在高山上所见的美景。

正当他们慢慢接近主峰的时候，灾难悄悄降临了。突然间，乌云翻滚，狂风肆虐，气温骤降。几个经验丰富的登山运动员知

道情况不妙,要求大家全力返回。可是,由于在路上逗留时间过长,夜已慢慢逼近,按经验他们已无法下山,只能等营救人员前来。狂风如开堤之水,怒吼而来,许多队员的衣服被风撕破,手套也脱落了……

祸不单行的是,有位队员的腿部被飞石击中,出了大量的血,伤员痛苦地呻吟着。

风越吹越大。严寒也随之降临。伤员极其痛苦地喊:"我冷,我冷",而血流出后又很快结成冰。有一个登山者说:"现在天色尚未全黑,让我来背他下山,或许他会有救。"

"你这是去找死,营救人员马上会来的。"众人劝他。可是,他还是背起伤员努力向山下走去。

夜幕降临了,山上起了暴风雪,营救人员根本无法上山。第二天,营救人员发现在原处等待救援的人们紧紧挤在一起,已经僵硬了。然而救援人员在海拔4000米的地方发现伤员和背着他的人,竟然还活着。

营救人员说在这种天气下能存活下来简直是奇迹。他们分析原因后断定,他们之所以能活着,是因为他们一个晚上都没有停止过高强度的运动。

在困难面前摔倒是难免的,最关键的是你能够重新站起来,并且承受一次又一次的摔倒。

即使挫折、失败或迷惘,只要坚持到底,就能取得胜利。

作为电影制片人,鲍勃可谓是一帆风顺。

鲍勃若是满足于做制片人,也许他真会一帆风顺。然而,他认为,做制片人还不能充分发挥他的才能和创造性。在好莱坞,真正的荣耀属于导演。

他执导了一部片子,评论界众说纷纭,票房很低。导演鲍勃可不像制片人鲍勃那样受人欢迎了。失败接二连三地向他袭来。

一年之内,电影砸锅,朋友背弃他,婚姻破裂,他从加利福尼亚躲到纽约,过起了隐姓埋名的生活。他疯狂地寻找新的根基,倾家荡产买下了一个套房。"我完全垮了。"他说。

他坐在纽约的套房里,陷入了冥思苦想。面对生活与事业的双重打击,他决定偃旗息鼓,他获得了暂时的安宁。

对于鲍勃和那些有成就的人,成功的关键是要控制局面。但是,失败使他完全失控了。也许他没有必要控制,也许他可以改变,而改变会更幸福。

最后,鲍勃重新回到了洛杉矶,回到他失败的地方。他怀揣着从未有过的谦卑感回去了。一切都得重新开始,一种完全不同的自我意识支持着他。

他放下面子,从低级的活开始干。"我得倒退3步,才能前进4步。倒退虽然痛苦,却必不可少。"

鲍勃最终还是重登好莱坞的顶峰,这一次,他既非制片人,亦非导演,而是电影公司的董事。

鲍勃知道自己是幸存者。

鲍勃现在是轻装上阵。他的价值观非常明确。也许，他会遇到更多的挫折，但他绝不低头。在他看来，成功并不在于重新当上电影公司的总裁，而在于审视自己的生活这一过程。他将这一精神旅程视为最大的成就。

看着鲍勃的精神之旅，你会明白"我完全垮了"对鲍勃来说是错误的，而对你来说，也是——错误的。

"失败了再爬起来"，看起来是一句鼓舞遭遇危机者最好的话，但是要真正实现起来，需要的是自我鼓励的品质和勇气。有无这种品质和勇气，直接决定了他是不是一个优势者。更为主要的是能不能在挫败之时看到站起来的希望！

梅西14岁的时候来到美国，因为他从7岁起就跟着裁缝师学缝纫，所以到了美国之后，很顺利地就在一家裁缝店中找到了工作。

到了18岁时，梅西决定要成立一家属于自己的店。

于是，他和弟弟及其他合伙人共同买下了一间礼服店，他信心十足地把所有的积蓄都投资在这里。但是，接下来发生的许多事情，却不断地考验着梅西经营这家店的决心。

先是在即将开业的前一天晚上，小偷偷走了将近8万美元的存货；接下来他再度进的货，又在一场意外的大火中付之一炬。

后来，他才发现保险经纪人欺骗了他，根本没有把他支付的保险费支票交给保险公司，所以这场火灾等于没有保险。

更惨的是，可以证明公司存货内容和价值的一位重要证人，却正好在这个时候去世了。

接二连三的打击实在让梅西受够了，他决定到别的裁缝店工作。但是，过了没多久，他渴望拥有自己事业的欲望又开始蠢蠢欲动了起来。

于是，他再度鼓起勇气，开了一家裁缝兼礼服出租店。这一次，他决定多采纳别人的意见，但在大方向上他依然坚持自己做决定。因为，他始终相信：如果因此跌倒了，是他让自己跌倒的；如果他站了起来，那也是靠自己站起来的。

因为梅西坚持着这个信念，所以不久之后，他的"法兰克礼服出租店"终于成为底特律的知名店铺。

梅西的经历告诉我们，当人生遭遇挫折和困难时，只要坚定成功的信念，不被失败击跨，那么最后迎接我们的必将是成功。

 ## 用行动反击失败

生活好比橄榄球比赛，原则就是奋力冲向底线。

——富兰克林·罗斯福

在拿破仑的传记作品里，曾经记载过这样一个故事：

在马林果战役的前夕，拿破仑坐在营帐里，凝视着面前摊开的一张意大利地图。他把4枚钉子按在地图上，一边挪动钉子，一边思考着。

过了一会儿，他自言自语地说："现在一切部署好了，我要在这里抓住他！"

"抓住谁？"身旁的一个军官问道。

"墨拉期，奥地利的老狐狸，他要从热那亚回来，路过都灵，进攻亚历山大里亚。我要渡过波河，在塞尔维亚平原迎着他，就在这儿打败他。"拿破仑的手指向马林果。

但是，马林果战役打响后，法军受到敌军强有力的抵抗，只剩招架之力，拿破仑精心筹措的胜利眼看要成为泡影。

正在法军即将败退之际，拿破仑手下的将领德撒带着大队骑兵驰过田野，停在拿破仑站着的山坡附近。队伍中有一个小鼓手，他是德撒在巴黎街头收留的流浪儿，在埃及和奥同战役中一直跟随法军作战。

当军队站住时，拿破仑朝小鼓手喊道："击退兵鼓。"

这个孩子却没有动。

"小流浪汉，击退兵鼓！"

"小流浪汉，击退兵鼓！"

孩子拿着鼓槌向前走了几步，朗声说道："啊，大人，我不知道怎么击退兵鼓，德撒从来没有教过我。但是我会击进军鼓，是的，我可以敲进军鼓，敲得让死人都排起队来。我在金字塔敲过它，在泰泊河敲过它，在罗地桥又敲过它。啊，大人，在这里我也敲进军鼓么?"

拿破仑无可奈何地转向德撒:"我们吃败仗了,现在可怎么办呢?"

"怎么办?打败他们!要赢得胜利还来得及。来,小鼓手,敲进军鼓,像在泰泊河和罗地桥一样敲吧!"

不一会儿,队伍随着德撒的剑光,跟着小鼓手猛烈的鼓声,向奥地利军队横扫而去,他们不惜流血牺牲,把敌人打得一退再退。德撒在敌人的第一排子弹中就倒下了,但是队伍并没有动摇。当炮火消散时,人们看到那小流浪儿走在队伍最前面,笔直地前进,仍旧敲着激昂的进军鼓。他越过死人和伤员,越过营垒和战壕,他的脚步从容不迫,鼓声激昂有力,他以自己勇敢无畏的精神开辟了胜利的道路。

这个故事告诉我们,不管失败的打击有多大,你都不应该畏缩不前,而是应该显出高傲的姿态,以一种胜利者的态度去迎战,然后,做棒球史上最伟大的投手弗兰克在他经受臂伤时所做的事——反击。

"我是 1974 年为洛杉矶道奇队打一场夜间比赛时受伤的,那个赛季我拥有一个棒球选手所梦想的最佳状况——我是那年全国联赛的头号投手,即将赢得参赛以来的第 20 场胜利,球队也将打进世界系列赛。男孩子所有的梦想,都将在我身上实现。突然间,我站上投手板,砰的一声,什么都完了。

"我韧带断了,投手最怕肘部受伤,因为手术常常意味着投

手生涯的终结。我需要进行的手术，是任何主要大联盟的投手都没有做过的，但我知道要想继续打球，就别无选择。"

"1974年9月25日，布兰克·乔布医生给我做了手术，复原的过程极为缓慢。我问医生：'我有没有机会再投球？'他们回答说：'有1%的机会。'但他们对我太太玛丽更坦白，说：'你的工作就是要鼓励弗兰克，想想他将来要做什么，因为他的投球生涯恐怕已经结束了。'"

"一个星期天，我手裹着石膏，带着在我手术后两天才出生的漂亮女儿，坐在教堂里听牧师布道。牧师讲道的内容是有关亚伯拉罕和他的妻子莎拉的，莎拉在七十几岁时才受上帝祝福，怀了第一胎。"

"牧师读着圣经的故事，抬起头说：'你知道，与上帝同在，没有不可能的事。'他说话的时候就看着我，我抬头看他，他微笑着，我在圣经的这句话上做了记号，这正是我需要听的。"

"16个星期之后，我拆掉石膏，手指萎缩得很厉害，我太太说看起来很像鸡爪。手臂瘦弱无力，好像是90岁的老人。要抓东西，还得把手指头扳过去。连切切肉、开开门都办不到。玛丽用婴儿油帮我擦肌肤时，我的皮肤会一块块剥落，掉在她手上。"

"在康复阶段，我把大量的时间花在体育场里。在球场上，教练为我实施一系列严格的训练，帮助我强健肌肉。"

"复原进展极为缓慢。有一天，我记得从球场回家，把手放在背后，告诉玛丽，要给她一个惊喜。她以为我在开玩笑，想可能是死蜥蜴之类的东西，但当我慢慢把左手从背后伸出来弯着小指去碰拇指时，我们互相拥抱，跳来跳去，高声欢叫。这是我第一次能移动手指，感觉就好像得到10万元奖金似的，因为这表明那些肌肉终于康复了。"

"当我不和教练一起练习的时候，就和球队一起出去，坐在本垒板后面比划投球动作，尽量为球队做我可以做的事。我告诉道奇队的老板彼得·欧麦里说：'我在康复，不能投球，但我愿帮忙做任何事情。'"

"其他球队的球员、教练、领队都问我：'你真的以为你可以让那只手臂复原，让它再度看起来像是投球的手吗?'我回答他们：'我坚信。'"

"复原情形是一段漫长、艰辛的过程，在一年半的时间里，除了周日，我每天都坚持练习。

于是我真的恢复了,手术后主投的球赛,比以前还要多,并且代表扬基队在世界锦标赛中出场。"

"许多人看到我,会摇头感叹我是那么坚定果敢,尽最大的努力。这或许是我家乡威尔斯的传统,或许是其他什么因素,但我喜欢证明别人的谬误。"

弗兰克的成功说明了这样一个道理:行动是扭转不利局面的唯一途径。人生就好比是一个大的赛场,像弗兰克一样你会面临很多意想不到的挫折和困难,但是如果你能像弗兰克那样用坚忍的毅力和不懈的行动去反击失败,脱离困境,那么就会和弗兰克一样,克服困难,获得最后的胜利。

 ## 用微笑迎接挫折

> 让我不要祈求免遭危难,而是让我能大胆地面对它们。
>
> ——泰戈尔

困难和挫折是人生中不可避免的。有的人成功了,是因为他们能够坚强地面对,而有的人失败了,是因为他们面对困难一蹶不振,失去了继续拼搏的勇气。伟大的发明家爱迪生说过,厄运对乐观的人无可奈何,面对厄运和打击,乐观的人总会选择笑脸迎接挫折。

琼妮小姐是新西兰一位建筑商的女儿,移居美国后,曾在休斯顿一家电视台工作,1990年起任CNN摄影记者。1992年6月,她被派往萨拉热窝进行战地采访。在那里,曾有多名记者丧生。

琼妮在萨拉热窝逗留6个星期后,已经习惯周围的流弹,一天清早,一颗子弹击穿车玻璃,正好击中她的脸部,几乎掀掉了她的半边脸,她的颧骨被打得粉碎,牙齿没有了,舌头被打断。送到诊所时,大夫们直摇头,认为她不行了。但经过20多次手术后,她又奇迹般地回到了工作岗位。这时的她,下腭仍无感觉,脸部还留着弹片,体重减轻了8千克。令大家吃惊的是,她要求重返萨拉热窝。

她幽默地说:"说不定我还能在那里找回我的牙齿。"她甚至想认识一下当初袭击她的枪手。

有人问她,见到那个枪手后怎么办。她说:"我会请他喝一杯,问他几个问题,比方说当时距离有多远。"

琼妮面对厄运的乐观态度证明她是一个具有坚韧毅力的女孩,正是这种乐观的性格,使她能够迅速摆脱挫折的阴影,积极地投入到新的工作中去。

和琼妮一样,杰克也是一个具有超强乐观精神的人。

他的心情总是特别好,而且对任何事情总是有正面的看法。当有人问他近况如何时,他总是回答:"我快乐无比。"每当有不愉快的事情发生时,杰克都会对自己说:"杰克,你可以选择成为一个受害者,也可以选择从中学些东西。"每一次他都会选择后者。

有一天,杰克出事了。他清晨出去锻炼时,忘记了关门。他回来时发现有3个人正在他家偷窃,其中一个歹徒因为紧张而对他开了枪。幸运的是,歹徒匆忙离开了,好心的邻居迅速把杰克送进了急救室。经过18个小时的抢救和几个星期的精心照料,杰克出院了。

事情发生后6个月,一个朋友去看杰克,问他近况如何,他答道:"我快乐无比。想不想看看我的伤疤?"朋友弯下腰看了看他的伤疤,问道:"当歹徒来时,你想些什么?""第一件在脑海中浮现的事是,我应该关好门。"杰克答道,"当我躺在地上时,我对自己说:有两个选择,一是死,一是活。我选择了活。"

"你不害怕吗?你有没有失去知觉?"朋友又问道。

杰克回答说:"医护人员都很好。他们不断告诉我,我会好的。但当他们把我推进急诊室后,我看到他们脸上的表情,从他

们的眼中，我读到了'他是个死人'的讯息。我知道我需要采取一些行动了。"

"你采取了什么行动？"朋友紧追不舍地问。

"有个很可爱的护士大声问我问题，她问我有没有对什么东西过敏。我马上答：'有的。'这时，所有的医生、护士都停下来等着我说下去。我深深地吸了一口气，然后大声说道：'子弹！我对子弹过敏！'在一片大笑声中，我又说道：'我选择活下去，请把我当活人来医治，而不是放弃。'"

杰克活了下来，一方面要感谢医术高明的医生，另一方面得感谢他那惊人的乐观态度。

我们也许不会遇到像杰克和琼妮那样的厄运，但是我们在成长和生活过程中也会遇到各种障碍、困难，遭遇很多失败、痛苦。在挫折面前，有的人会出现暴怒、恐慌、悲哀、沮丧、退缩等情绪，影响了学习和工作，损害了身心健康。而有的人却能够像杰克、琼妮那些乐观的人一样笑对挫折，对环境的变化做出灵敏的反应，善于把不利条件化为有利条件，摆脱失败，走向成功。

安德鲁是石油界的一位知名人物，不仅仅是他成功地开采了石油，还由于他对事业的执著追求，以及面对工作中的逆境时的坚强乐观。

安德鲁是一个年过60岁的老人，他自认为他是一个遭受失败最多的人。他是一个热衷于石油开采的人，他说他一生中每打4口井，就有3口是枯井。可是他从逆境中走了出来，成了一个

身价超过 2 亿美元的富翁。安德鲁自己回忆说:"当年我被学校开除后,就跑到德克萨斯的油田找了一份工作。随着经验的逐渐丰富,我便想自己当一名独立的石油勘探者。那时候,每当我手里有钱了,我就自己租赁设备,做石油勘探。在连续的两年里,我一共开采了将近 30 口井,但全部都是枯井。当时,我真的失望极了。"安德鲁的确陷入了困境,都要接近 40 岁了,他依然一无所获。但是,他不但没有被逆境难倒,反而更加勤奋努力。他开始研读各种与石油开采有关的书籍,学习了丰富的理论知识。等理论知识掌握得非常充分的时候,他卷土重来,租好设备,找好地皮,进行再次的石油开采。这一次他没有遇到枯井,汩汩直冒的石油成就了他的事业。

安德鲁正是由于积极乐观地面对逆境,没有对现实失去信心,才取得了成功。由此可见,在逆境面前,充满希望才能有机会取得成功。

乐观的人在遭受挫折打击时,仍坚信情况将会好转,前途是光明的。其实,谁都有面临困难与逆境的时候,关键是看怎样处理。有些人在逆境中永远消极,成为一个永远的失败者;而有些人却能够积极地面对逆境,冲出重围,走向成功。

卡耐基认为,逆境是人生中不可避免的事件。既然逆境是不能避免的,那就让我们从逆境中找到动力吧,让逆境成为推动我们走向成功的动力。我们应该将逆境视为成功的预兆。卡耐基说过:"困难与挫折其实是上天故意安排来考验我们的,其实,它就是成功的化身。成功与失败把握在我们自己手中。"

因此,面对苦难和挫折,你要抬起头来,笑对它,相信"这一切都会过去,今后会好起来的"。希望是不幸者的第二生命。向往美好的未来,是困难时最好的自我安慰。在多难而漫长的人生路上,我们需要一颗健康的心,需要绚烂的笑容。苦难是一所没人愿意上的大学,但从那里毕业的,都是强者。

在挫折面前多坚持走一步路,多坚持一分钟,也许就发现自己已经站在了成功的大门前。

为成功付出耐心

　　耐心是一切聪明才智的基础。　　　　　　——柏拉图

耐心可以创造奇迹。荀子曾在《劝学篇》中写道:"锲而舍之,朽木不折;锲而不舍,金石可镂。"这句话告诉我们无论困难多么大,只要我们有坚韧不拔、锲而不舍的精神,就能够战胜困难,创造奇迹。

多年前,美国曾有一家报纸刊登了一则园艺所重金征寻纯白金盏花的启事,一时在当地引起轰动。高额的奖金让许多人趋之若鹜,但在千姿百态的自然界中,金盏花除了金色的就是棕色的,能培植

出白色的，不是一件易事。所以许多人一阵热血沸腾之后，就把那则启事抛到九霄云外去了。

一晃就是20年，一天，那家园艺所意外地收到了一封热情的应征信和一粒纯白色金盏花的种子。当天，这件事就不胫而走，引起轩然大波。

原来寄种子的是一个年已古稀的老人。老人是一个地地道道的爱花人，当她20年前偶然看到那则启事后，便怦然心动。她不顾8个儿女的一致反对，义无反顾地干了下去。她撒下了一些最普通的种子，精心侍弄。一年之后，金盏花开了，她从那些金色的、棕色的花中挑选了一朵颜色最淡的，任其自然枯萎，以取得最好的种子。次年，她又把它种下去。然后，再从这些花中挑选出颜色更淡的花的种子栽种年复一年。终于，20年后的一天，她在那片花园中看到一朵金盏花，它不是近乎白色，也并非类似白色，而是如银如雪的白。

一个连专家都解决不了的问题，在一个不懂遗传学的老人手中迎刃而解，这不是一个只有靠耐心才能创造的奇迹吗？

17世纪，在荷兰和德尔夫特镇，有一个只有初中文化程度的青年农民。他找到的差事就是为镇政府守大门，而且在这个门卫岗位上一干就是60多年，一生中足不出小镇，也没有换做其他的工作。

这位青年在业余时间一不下棋打牌，二不去泡酒馆聊天，而是选择打磨镜片作为消遣。虽然费时又费工，可他却乐此不疲。

就这样不停地磨呀磨呀，一直磨了60年。其中的艰辛、枯燥和乏味是可想而知的，如果没有决心和毅力，坚持下去谈何容易。

由于他的专注细致和锲而不舍，磨出的复合镜片的放大倍数超过了当地的专业技师。凭借自己研磨的镜片，他研制出了显微镜，终于揭开了当时科技尚未知晓的微生物世界的"面纱"。结果名声大振，英国皇家学会聘他为会员。英国女王访问荷兰时，还专程到小镇拜访过他。

创造这个奇迹的人小人物是谁呢？他就是后来成为著名荷兰科学家的万·列文虎克。

著名的数学家华罗庚先生说过："科学上没有平坦的大道，真理的长河中有无数礁石险滩。只有不畏攀登的采药者，只有不怕巨浪的弄潮儿，才能登上高峰采得仙草，深入水底觅得骊珠。"一个人要取得成功，除了要有勇气有胆魄之外，还需要锲而不舍的耐心和毅力。

维勒是一位著名的推销大师，一生曾创造了无数个销售上的奇迹。因为年龄大了，即将告别自己的职业生涯，应人们的邀请，他将做一场演说。

演说在市中心的一个体育场内进行。这天，会场上座无虚席，人们在热切地、焦急地等待着。大幕徐徐拉开，舞台的正中央吊着一个巨大的铁球。为了架起这个铁球，台上搭起了高大的铁架。维勒在热烈的掌声中走了出来，站在铁架的一边。他穿着一件红色的运动服，脚下是一双白色胶鞋。

这时，两位工作人员抬着一个大铁锤，放在维勒的面前。主持人邀请两位身体强壮的听众到台上来，维勒请他们用大铁锤去敲打那个吊着的铁球，直到把它荡起来。

年轻人抡起大锤奋力向那吊着的铁球砸去，一声震耳的响声后，吊球动也没动。他用大铁锤接二连三地砸向吊球，很快他就气喘吁吁，还是未能将铁球打动。

会场寂静无声，这时，维勒从上衣口袋里掏出一个小锤，然后开始认真地面对着那个巨大的铁球敲打。他用小锤对着铁球"咚"地敲了一下，然后停顿一下，再用小锤敲一下。人们奇怪地看着，维勒"咚"地敲一下，然后停顿一下，就这样持续地敲着。

10分钟过去了，20分钟过去了，30分钟过去了，会场早已开始骚动。维勒仍然一锤一停地敲着，仿佛根本没有看见人们的反应。许多人愤然离去，会场上到处是空着的座位。

40分钟后，坐在前排的人突然叫道："球动了！"

霎时间，会场又变得鸦雀无声，人们聚精会神地看着那个大铁球。那个球以很小的幅度摆动了起来，不仔细看很难察觉。维勒仍旧一小锤一小锤地敲着，人们默默地听着那小锤敲打大铁球的声响。

铁球在大师一锤一锤的敲打中越荡越高，它拉动着那个铁架子"哐哐"作响，它的巨大威力强烈地震撼着在场的每一个人。年轻人用大锤也没有打动的铁球，在维勒小锤的敲打中却剧烈地摆荡起来，终于，场上爆发出一阵阵热烈的掌声。

这个故事是一个有关耐心的奇迹。它告诉我们，无论目标和梦想有多么遥远，只要我们不懈怠，不放弃，充满耐心地走下去，困难总会被我们征服，我们的梦想也总会有实现的那一天。

有一个孩子想不明白自己的同桌为什么每次都能考第一，而自己每次却只能排在他的后面。

回家后他问道："妈妈，我是不是比别人笨？我觉得我和他一样听老师的话，一样认真地做作业，可是，为什么我总落后于他？"妈妈听了儿子的话，感觉到儿子开始有自尊心了，而这种自尊心正在被学校的排名伤害着。她望着儿子，没有回答，因为她不知该怎样回答。

又一次考试后，孩子考了第二十名，而他的同桌还是第一名。

回家后，儿子又问了同样的问题。她真想说，人的智力确实有高低之分，考第一的人，脑子就是比一般人的灵。然而这样的回答，难道是孩子真想知道的答案吗？她庆幸自己没说出口。

应该怎样回答儿子的问题呢？有几次，她真想重复那几句被上万个父母重复了上万次的话——你太贪玩了；你在学习上还不够勤奋；和别人比起来还不够努力等理由来搪塞儿子。然而，像她儿子这样脑袋不够聪明、在班上成绩不甚突出的孩子，平时活得还不够辛苦吗？所以她没有那么做，她想为儿子的问题找到一个完美的答案。

儿子小学毕业了，虽然他比过去更加刻苦，但依然没赶上他的同桌，不过与过去相比，他的成绩一直在提高。为了对儿子的进步表示赞赏，她带他去看了一次大海。就是在这次旅行中，这位母亲回答了儿子的问题。

母亲和儿子坐在沙滩上，她指着海面对儿子说："你看那些在海边争食的鸟儿，当海浪打来的时候，小灰雀总能迅速地起飞，它们拍打两三下翅膀就升入了天空；而海鸥总显得非常笨拙，它们从沙滩飞向天空总要更长些的时间，然而，真正能飞越大海横过大洋的还是它们。"

人的成长是一个漫长的过程，能否取得最后的胜利，不在于一时的快慢。如果你能够在自己成长的道路上静下心来，遇到困难不气馁，不灰心，矢志不移地前进，那么最终你必将获得最后的胜利。

第六章

进取——做自己命运的开拓者

在成长过程中,总有一种神秘的力量在推动着我们追求更高的理想,这种力量,就是进取心。进取心是一个人向上的动力,人生在世就应当努力进取,只有这样,生命的价值才能够不断地提升。进取心代表了一个人的发展方向和他所能达到的人生高度。人一旦养成不断自我激励,始终向着更高目标前进的习惯,进取心就会成为一种强大的自我激励力量,使你的人生变得更加充实。

害怕前进只能停留在原地

> 人生就是行动、斗争和发展,因而不可能有什么固定不变的目标,人生的欲望和追求不会停止不动。
> ——弗兰克·梯利

现实生活中,随处可以见到这样的人:他们一生都做着简单平常的事情,他们似乎也因此而满足,但实际上他们完全有能力干出一些更出色、更卓越的事情。他们并不缺少能力,只是缺乏一种追求的勇气和强烈的进取心。进取心是一个人积极向上的动力,人生在世就应当努力进取,这样,生命价值才能够不断地提升。害怕前进只能让一个人停滞不前。

在美国,有一个叫加纳的孩子,他出生在一个贫穷的黑人家庭,他的成功就是一个不断进取、创造命运的传奇。加纳自幼家庭十分贫困,因此他5岁时就不得不开始劳动,8岁开始赶骡子,帮助家庭维持生计。

加纳这位黑人小孩子生来勤奋听话,他有一位非常具有进取精神的母亲。她目睹自己家庭的生活环境,即使她每日艰苦劳动,获得的收入也仅能糊口,也无法让孩子得到读书的机会。她知道自己的家庭与繁荣昌盛的世界生活形成鲜明的对比,她慢慢觉得形成这个现实必定有什么原因。她考虑这个问题,并时常同自己的儿子讨论这个问题。

有一天,她与儿子加纳讨论说:"加纳,我们不应该贫穷。我不愿意听到你说:我们的贫穷是上帝的意愿。我们的贫穷不是由于上帝的缘故,而是因为你的父亲从来就没有产生过成功的愿望。我们家庭中的任何人都没有产生过出人头地的想法。"

妈妈这番话给加纳的心灵刻下了深深的烙印:没有产生过成功的愿望,即没有进取精神,没有积极的心态,甘愿世世代代贫穷下去。加纳此时虽年纪不大,但他的心里已萌发了成功的决心,从此他时时刻刻注意怎么走上成功之路。他总是把他所需要的东西放在心中,对于不需要的东西置之不理。这样,他成功愿望的种子慢慢开始发芽、生长。

加纳为了走上成功之路,选择经商作为自己奋斗的途径。他先从当小伙计入手,在零售百货店里当推销员。3年后,他懂得了哪些商品最畅销,哪些用户习惯买哪种商品,并与众多的顾客相识了。在这样的基础上,他决定自己经营创业,并把肥皂作为经营产品。于是,他靠自己的点滴资本,从肥皂厂购进一两箱肥皂,然后自己挨家挨户地上门推销。

在积极进取心态的支撑下,加纳不畏各种劳累和困难,一块一块地推销肥皂,一分

钱一分钱地积累资金，一年365天坚持不懈地奔跑。就这样，一晃12年过去了，此时他家里的生活一天天改善，但他并不因此而泯灭了继续进取的积极心态，相反，他等待机会以获取更大的成功。后来，他获悉供应肥皂给他的那家公司由于内部原因，拟拍卖出售，售价是15万美元。加纳又通过种种努力买下这家公司，他终于成为一个成功的商人。

加纳的成功是一个靠努力改变命运的典型例子。那么，究竟是什么力量能够不断地激励加纳，朝着自己的目标前进？这个推动力就是：进取心。

进取心是神秘的宇宙力量在人身上的体现，这种动力并不是纯粹的人为力量能创造的。为了获得和满足这种力量，我们甚至愿意放弃舒适的现状乃至牺牲自我。我们每个人都感到，我们需要这种激励，它是我们人生的支柱。

一旦我们有幸受这种伟大推动力的引导和驱使，人生就会成长、开花、结果。进取心带来的激励也存在于人体内，它推动我们完善自我，追求完美的人生。如果无视这种力量的存在，或者只是偶尔接受这种力量的引导，我们就只能让自己微不足道，也就不会取得任何成果。并且，这种向上的愿望，这种至高无上的力量，也可能会消失。一旦染上了懒惰的习性，我们就会停滞不前。

总是有一种神秘的力量在推动我们追求更高的理想。人类的发展就像一条永无尽头的河流，为此，我们的进取心也是永无止境的。进取心，这种内在的推动力从不允许我们停下来，它总是激励我们为了更加美好的明天而努力。我们今天所达到的境地也许足以令人羡慕,但是我们却发现,今日的位置和昨日的位置一样,无法让自己完全满足。一旦我们想原地踏步,耳边就会响起那个声音,听到向更高目标努力的召唤。

人生的精彩来自梦想的精彩。人的成长就好像是一个不断攀登高峰的过程,当你攀过一座又一座人生的高山时,在不断的征服和跨越中,你就会拥有一个精彩充实的人生。

进取心代表了一个人的发展方向以及他所能达到的人生高度。可以这么说,一个人的梦想有多远,他就能够走多远。

欲望是开拓命运的力量

一个人追求的目标越高,他的能力就发展得越快,对社会就越有益。
——高尔基

对成功的强烈渴望是一个人不断进取的精神动力。这种对成功的渴望可以时刻把我们的行动和心中的目标联系在一起。拿破仑·希尔认为,支撑人类生存和发展的一个重要因素就是欲望。只有那些拥有欲望的人,才会产生不断奋斗的勇气和决心。

松下幸之助曾经这样说:"如果你想成功,那么不管做什么事,最重要的就是要有想完成那件事的强烈欲望。如果心里一直想着不完成它绝不罢休，那么事情可以说是已成功了一半。有了这种积极的成功欲望，一定能想出完成这件事的手段或方法来。"

这段话道出了一个亘古不变的成功法则：对成功的渴望从来都是推动人们成就事业的巨大力量。

然而，仅仅拥有一般的欲望是不够的，要成功就必须拥有和保持强烈的成功欲望。

成功学大师安东尼·罗宾曾问过这样一个问题：

如果你是一个业务员，那么，对你来说是赚1万元容易，还是赚100万元容易呢？

他给出的答案是：赚100万元比赚1万元更容易。

为什么呢？因为倘若你的财富目标只是赚1万元，那么你的打算不过是仅仅能够糊口就成了。假使这就是你的财富目标与你工作的原因，那么请问：你自己工作的时候还会兴奋有劲吗？你还会热情洋溢吗？

历史和现实都可以证明，信心与欲望的力量可以使穷汉变成富翁，使失败者重整雄风，使残障人士拥有想要康复的力量，使人在强烈的冲动下，把那些不可能的事变成可能，把"自己不行"的卑微感彻底抛开，昂首阔步地走向成功。尤其是在改变经济状况的活动中，欲望越强烈，成功的可能性就越大，离成功的目标也就越近。

1873年，当巴恩斯从新泽西州的奥伦芝的货运列车上爬下来时，他的外表也许像一名无业游民，但是他却具有国王一样的雄心。

他通过铁路走向爱迪生办公室的途中，他想象自己站在爱迪生的面前，听见自己要求爱迪生给他一个机会，以实现他一生着了迷炽烈欲望——要做这位伟大发明家的商业伙伴。

巴恩斯的欲望并不只是一个希望，不是一种祈求，而是一种强烈的欲望。它凌驾于一切之上，它是明确的。

数年之后，巴恩斯再度站在爱迪生的面前，站在与爱迪生初次会面时的同一间办公室里，这一次他的欲望已经转变为事实：他和爱迪生成为合作伙伴了，支配他一生的理想终于实现了。

巴恩斯的成功，是因为他具有强烈的成功欲望，并选定了一个明确的目标，并以他的全部精力、全部的意志力以及他的一切，去奔向这个目标。

这是一个由明确欲望产生力量的证明：巴恩斯达到了目标，是因为他什么都不要，只要做爱迪生的合作伙伴，他构想出一套计划，以此达到了目的。他破釜沉舟地坚持着他的欲望，直到这欲望变成了事实为止。

前往奥伦芝时，他没有对自己说："我要劝说爱迪生随便给我一个工作。"他想的是："我要见爱迪生，并且告诉他，我来是要做他事业上的伙伴的。"他也没有想："我要睁大眼睛注视着另一个机会，以防在爱迪生的企业中得不到我所要的工作。"他只告诉自己："在

这个世界中只有一样东西是我决心要得到的,那便是和爱迪生在事业上合作。我要把我的整个前途投注在我的能力上,去获得我所要的东西。"他不给自己留下一点点后路。他必须成功,否则便是毁灭。

这就是巴恩斯成功的全部方法。

不只是巴恩斯,那些成功人士的身上无一例外有一种渴望成功的强烈愿望,正是这种愿望使他们无论做什么事情都会和自己的目的联系在一起。因此,无论遇到什么变故或挫折,他们都能像巴恩斯一样坚强地向自己的目标挺进。

本哈根是世界上最伟大的高尔夫选手之一。他并没有其他选手那么好的体能,能力上也有缺陷,但他在坚毅、决心,特别是追求成功的强烈愿望方面高人一筹。

本哈根在打高尔夫球的巅峰时期,不幸遭遇了一场致命的意外。在一个有雾的早晨,他跟太太薇尔在公路上开车,在一个拐弯处调头时,突然看到一辆巴士的车灯,本哈根想这一下可惨了,他本能地把身体挡在太太面前来保护她。这个举动反而救了他,因为方向盘深深地嵌入了驾驶座。事后他昏迷不醒,过了好几天才脱离险境。医生们认为他的高尔夫生涯从此结束了,甚至断定他能站起来走路已经很幸运了。

但是他们并未将本哈根的意志与需要考虑进去球技。他刚能站起来走几步,就萌发了出人头地的梦想。他不停地练习球技,并增强臂力。无论工作在哪里,都保留着高尔夫俱乐部的资格。

起初他还站得摇摇摆摆,再次回到球场时,也只能在高尔夫球场的轻打区蹒跚而行。后来他能稍微工作、走路时,就走到高尔夫球场练习。开始只打几次球,但是他每次去都比上一次多打一次球。最后,当他重新参加比赛时,名次上升很快。理由很简单,本哈根看到自己是胜利者,他有必赢的强烈愿望,他知道他会回到高手之列。

是的,普通人跟成功者的差别就是这种强烈的成功愿望。

卡耐基说:欲望是开拓命运的力量,有了强烈的欲望,就容易成功。因为成功是努力的结果,而努力又大都产生于强烈的欲望。正因为这样,强烈的成功欲望,便成了取得成功最基本的条件。如果你不想拥有平庸和失败的人生,就要有进取心和向上的欲望,并让这种欲望时时刻刻鞭策你、激励你,让你向着这一目标坚持不懈地前进。许多成功者都有一个共同的体会,那就是对成功的渴望和持续不断的努力是取得成功的关键。

20世纪心理学上的一项重大发现,就是思想能够控制行动。你怎样思考,你就会怎样去行动。你要是强烈渴望成功,你就会调动自己的一切能量去追求成功,使自己的一切行动、情感、个性、才能与成功的欲望相吻合。对于一些与成功的欲望相冲突、矛盾的东西,你会竭尽全力去克服、消除;对于有助于成功的东西,你会竭尽全力地去扶植、扩大。这样,经过长期的努力和调节,你便会成为一个你所渴望的成功者,使成功变成现实。相反,要是欲望不强烈,一遇到少许挫折,便会偃旗息鼓,失掉进取心,

将成功的欲望淡化或压抑下去。

 ## 每天都是一个新起点

> 我们的一切追求和作为都是一个令人厌倦的过程,做一个不识厌倦为何物的人就好。
> ——歌德

有一天,池沼向在自己身边奔流而过的河流问道:"你整天奔流不息,一定累得要命吧!你一会儿背着沉重的大船,一会儿负着长长的水筏,在我眼前奔流而过。小船小划子更不用说了,它们多得没有个穷尽。你什么时候才能抛弃这种无聊的生活呢?像我这样安安逸逸的生活,你找得到吗?我是一个幸福的闲人,舒舒服服、悠悠闲闲地荡漾在柔和的泥岸之间,好比高贵的太太窝在沙发的靠枕里一样。大船小船也罢,漂来的木头也罢,我可没有这些无谓的纷扰;甚至小划子有多重我不知道,至多偶尔有几片落叶漂浮在我的胸膛上,那是微风把它们送来和我一起休息的。一切风暴有树林挡住,一切烦恼我也沾染不上,我的命运是再好不过的了。周围的尘世不断地忙忙碌碌,我却躺在哲学的梦里养神休息。"

"哲学家,你既然懂得道理,可别忘了这条法则,"河流回答,"水只有流动才能保持新鲜,我成了伟大壮阔的河流就是因

为我不躺在那儿做梦,而是按照这个法则川流不息。结果呢,我的源源不绝的水,又多又清的水,年复一年地给人们带来了幸福,赢得了光荣的名誉,或许我还要世世代代地奔流不息。那时候,你的名字就不会有人知道了。"

多年以后,河流的话果然应验了,壮丽的河仍旧川流不息,池沼却一年浅似一年。池沼的表面浮着一层黏液,芦苇生出来了,而且生长得很快,池沼终于干涸了。

这个故事告诉我们这样一个道理:水只有在流动中才能够保持新鲜,人只有在不断进取的状态下才能够永葆生命的活力。既然生命不息,那就应该不断进取,超越自我。

在日常生活中,我们都有这样的感觉:每天都在做同样的事情。今天是昨天的重复,明天又是今天的翻版,既单调又平凡。

但如果每天只是这样翻来覆去地延续,人生就毫无希望、毫无意义了。日本著名企业家松下幸之助先生认为,倘若希望实现繁荣、和平与幸福,生活不应是单调的反复。今天应该比昨天进一步,明天则比今天进一步,也就是每天要有生成发展。那么生成发展到底是什么?对人生的意义又在何处?

按松下幸之助的理解，所谓"生成发展"，就是日新月异，每一刹那都是新的人生，每一刹那都有新的生命在跃动。这就是旧的东西灭亡，新的东西诞生的历程。世间的一切事物没有一刻是静止的，它不断地运动、不断地变化。这种运动和变化是随着自然法则进行的，是不可动摇的宇宙哲理。

假定生成发展是自然法则，那么每天的生活，就必须经常保持新的创意和发明。有句俗语"十年如一日"，这是说10年的努力就好像1天的努力那样充满活力。它强调的是勤劳、努力与毅力这种精神，并不是说在这过程中没有任何进步。这种十年如一日的努力，一定会产生非常新颖的创意和进步。假如大家的工作10年来没有任何变化，而是千篇一律，那么就是违反了生成发展的原理。松下幸之助曾举例说明这个道理：

明治维新时，功臣之一坂本龙马常和西乡隆盛长谈，坂本的谈话内容和观念每次都有一点改变，西乡隆盛每次的感受也都不一样。于是，西乡就对他说："前天，我遇到你的时候，你所讲内容和今天又不一样，所以你说的话，我有所存疑。你既然是天下驰名的志士，受到大家的尊敬，应该有不变的信念才行。"坂本龙马就说："不，绝对不是这样的。孔子说过'君子从时'，时间不停地流转，社会情势也天天在变化，昨天的'是'，成为今天的'非'，乃是理所当然。我们从'时'，便是行君子之道。"接着又说："西乡先生，你对一个事物一旦认定，就从头到尾遵守到底，将来你一定会变成时代落伍者。"

生命不息，前进不止。对于一个积极进取的人来说，每一天都是崭新的起点。如果你能时刻保持进取的心态，每天都要求自己比以前有所进步，时间长了，你就能够成为一个优秀杰出的人。

超越自我，和自己比赛

人类的使命在于自强不息地追求完善。——列夫·托尔斯泰

很多年前，有一群熊欢乐地生活在一片树木茂密、食物充足的森林里，他们在这里繁衍子孙，同其他动物友好相处。后来，地球上发生了巨大变化，这片森林被雷电焚烧，各种动物四散奔逃，熊的生命也受到威胁。其中一部分熊提议说："我们北上吧，在那里我们没有天敌，可以使我们发展得更强大。"另一部分则反对："那里太冷了，到了那里，只怕我们大家都要被冻死、饿死。还不如去找一个温暖的地方好好生存，可供我们吃的食物也很多，我们也会很容易生存下来。"争论了半天，谁也说服不了谁，结果，一部分熊去了北极边缘生活，另一部分则去了一个四季温暖、草木繁茂的盆地居住下来。

到了北极边缘的熊，由于气候寒冷，他们逐渐学会了在冰冷的海水中游泳，还学会了潜入水下、到海水中捕食鱼虾，甚至敢

与比自己体积还大的海豹搏斗……长期下来,他们的身体比以前更大、更重,习性也更凶猛。这就是我们现在看到的北极熊。

另一部分熊到了盆地之后才发现:这里的肉食动物太多了,自己身体笨重,根本无法和别的肉食动物竞争,便决定不吃肉了,改为吃草。没想到这里的食草动物更多,竞争更激烈。草也吃不成了,只好改吃别的动物都不吃的植物——竹子,这才得以生存下来。渐渐地他们把竹子作为自己唯一的食物来源。由于没有其他动物和他们争抢食物,他们变得好吃懒动,体态臃肿不堪,就演化成了我们现在看到的大熊猫。但后来竹林越来越少,大熊猫的数量也越来越少,几乎濒临灭绝,只能被关在动物园里,靠人

类的帮助才能生存。

熊的遭遇如此，每个人的人生又何尝不是这样呢？如果自己不主动去竞争，迟早会和大熊猫的遭遇一样，被别人排挤，甚至被别人吃掉。

中国有句古话叫做"胜人者有力，自胜者强"，这句话告诉我们：一个人只有战胜自己、超越自己，才能够成为一个真正的强者。一个人超越不了自己，就谈不上超越别人。这不但阻碍自己人生的发展，也很难在竞争激烈的社会上立足，最终只能为时代大潮所抛弃。

现在的社会是一个崇尚竞争的社会，只有不断进取，不断挑战和超越自己的人才能够成为最后的成功者。

事实上，超越的意识时刻存在于我们的意识之中，大多数人都从后来的懵懂中学会了关注和审视别人。学习上的尖子、生活中的强者、各个领域的明星人物自然成了我们关注和审视的对象。我们会情不自禁地问自己："为什么他们能够取得如此的成绩，而我却总是这样平平庸庸地过活呢？"

我们不能仅仅局限于对于别人成就的羡慕和徒做无聊的叹息，应更加注重于了解自己的能力和潜质，从而付出努力以争取达到自己理想中的目标。"每个人都会有一片明朗的天空"，我们已经从消极走向积极，从被动走向主动，我们不再羞怯，不再遮掩，也不再隐忍，而是将心中的兴奋与激动化作行动,化为汗水，洒在成功的路上。而踏上成功巅峰的时候，我们会惊叹自己有如

此之大的能耐，有如此之深的潜能，而这在以前只不过是一种梦想罢了。

事实上，这就是超越。

超越自我，积极进取，不断地发展自己、丰富自己，就在眼界上，努力地汲取新知识，思考新问题，在个人能力上，不断地否定自己、超越自己，不断地给自己制定新的目标，这样你就能够在未来的社会上成为一个胜利者和成功者。

第七章

自制——管理好自己才能管理别人

　　自制力不仅仅是人的一种美德，而且在成就事业的过程中也是一项决定成败的关键因素。自制对于青少年的成长和进步来说，有着十分重要的意义和作用。斯威夫特说过，只有自制的人才拥有真正的美德。控制自己能够让一个人变得更强大。青少年要想成为能够主宰自己命运的强者，就必须学会克制自己，管理自己。

控制自己让你更强大

> 哪怕对自己一点小小的克制,也会使人变得强而有力。
>
> ——高尔基

一个人要成就大的事业,就不能随心所欲、感情用事,对自己的言行应有所克制,这样才能使自己的错误、缺点得到改正和克服,不致铸成大错。高尔基说:"哪怕是对自己的一点小小的克制,也会使人变得强而有力。"德国诗人歌德说:"谁若游戏人生,他就一事无成,不能主宰自己,永远是一个奴隶。"一个人要想成为能够主宰自己命运的强者,成就一番事业,就必须对自己有所约束、有所克制。

贝利从小就显现出非凡的足球天赋,他常常踢着父亲为他特制的"足球"——用一个大号袜子塞满破布和旧报纸,尽量捏成球形,外面再用绳子捆紧。贝利经常光着黑瘦的脊梁,在家门前那条坑坑洼洼的小街,赤着脚练球。尽管他经常摔得皮开肉绽,但他始终不停地向着想象中的球门冲刺。

渐渐地,贝利有了些名气,许多认识不认识的人常常跟他打招呼,还向他递烟。像所有未成年人一样,贝利喜欢吸烟时的那种"长大了"的感觉。

有一次，当贝利在街上向别人要烟的时候，父亲刚好从他身边经过，父亲的脸色很难看，贝利低下头，不敢看父亲的眼睛。因为，他看到父亲的眼睛里有一种忧伤，有一种绝望，还有一种恨铁不成钢的怒火。

父亲说："我看见你抽烟了。"

贝利不敢回答父亲，一言不发。

父亲又说："是我看错了吗？"

贝利盯着父亲的脚尖，小声说："不，你没有。"

父亲又问："你抽烟多久了？"

贝利小声为自己辩解："我只吸过几次，几天前才……"

父亲打断了他的话，说："告诉我味道好吗？我没抽过烟，不知道烟是什么味道。"贝利说："我也不知道，其实并不太好。"说话的时候突然绷紧了浑身的肌肉，手不由自主地往脸上捂去，因为，他看到站在他跟前的父亲猛地抬起了手。但是，那并不是贝利预料中的耳光，父亲把他搂在了怀中。

父亲说："你踢球有点天分，也许会成为一名优秀的运动员，但如果你抽烟、喝酒，那就到此为止了。因为那会让你无法在90分钟内保持一个较高的水准。这事由你自己决

定吧。"

父亲说着,打开他瘪瘪的钱包,里面只有几张皱巴巴的纸币。父亲说:"你如果真想抽烟,还是自己买的好,总跟人家要,太丢人了,你买烟需要多少钱?"

贝利感到又羞又愧,眼睛里涩涩的,可他抬起头来,看到父亲的脸上已是泪水纵横……

后来,贝利再也没有抽过烟。他凭着自己的勤学苦练,终于成为一代球王。

自制对于一个人的成长进步,有着十分重要的意义和作用。每个人都应当树立自我管理意识,在心中培养自我管理意识的紧迫感。这种紧迫感不能是别人强加的,必须是自己切身感觉到的。首先,这种紧迫感来自个人成长和发展的强烈渴望。有了这样的愿望,才能形成如何有效地管理自己的思想、言论和行动的意识,才能自觉地去管理自己。反之,一个人自己没有成长和发展自己的愿望,当然不会产生如何管理自己的意识。其次,这种紧迫感来自对社会现实的深刻认识。当今的社会,管理正在作为一门科学迅速应用于人们生活的各个领域,整个社会的经济管理、政治管理、思想管理、法律管理、道德文化管理等正在走向科学化,越来越多的人已经开始把管理科学运用于人生。盲目对待人生的时代正在宣告结束,人生正在朝着科学化的方向前进。科学化的人生需要科学的自我管理。如果能清醒地看到这一点,就会产生一种觉悟,即自己不科学地管理自己，就会失去人生的主动权，就会被别人远远地抛在后边。有了这种觉悟，就会主动地发展自己。

人的自制能力和自我管理能力并不是天生的，它和其他能力一样，都是后天开发出来的，每个人的自我管理能力都是可以不断提高的。那么，青少年怎样才能不断提高自己的自我管理能力呢？

1. 正确认识自己

正确认识自己是多方面的，包括生理机理、心理素质、智能特点、行为特点，等等。但从个人修养角度，则主要在于个体应客观地、全面地、正确地认识和评价自己，为自律打下良好的基础，这就是所谓的"自知者明"。不能自识、自知，就无从自律，行动中就会因盲动而招致失败。只有首先自识，才能自觉按客观规律严于律己，在行动中获得成功。

2. 多多反省自身

自省即自我反省、自我监督、自我检点。它是在自识前提下进行的。通过自省，发现自己思想深处存在的种种问题，及时加以纠正和克服。

3. 做好自我批评

自我批评是自我的进一步发展与深化，也是自省的结果付诸行动的过程。自我批评历来是成就大业者自我教育、自我改造、开诚布公承认错误和公开改正自己错误的最好武器。凡是在修养上卓有成效者，都是严于自我解剖、勇于自我批评的人。

不要成为情绪的奴隶

> 易激怒是一种卑贱的素质,受它摆布的往往是生活中的弱者。
> ——培根

自制力不仅仅是人的一种美德,在一个人成就事业的过程中,自制力也是一项决定成败的关键素质。

有人说:一个人要想在事业上取得成功,务必戒奢克俭,节制欲望,只有有所放弃,才能有所获得。自制不仅仅是在物质上克制欲望,对于一个想要取得成功的人来说,精神上的自制力也是非常重要的。衣食住行毕竟是身外之物,不少人都能自制,甚至是做得尽善尽美,但精神上的、意志力上的自制却非人人都能做到。

想要成功必须使消极的情绪得到有效的控制,否则,生活质量、工作成效和事业成就将无法保证。米开朗琪罗曾说:"被约束的才是美的。"对于情绪来说也是如此,一个人的情绪如果不能得到有效的调控,那么,人就有可能成为情绪的奴隶,成为情绪的牺牲品。

芬妮是一个脾气暴躁、容易出现情绪波动的女孩,经常因为小事和别人吵架,她的人际关系因此愈来愈紧张,结果男友也难以忍受她的坏脾气，和她分手了。终于有一天，她觉得自己已经处于崩溃边缘。

她打电话向她的一个朋友詹森求救。詹森向她保证："芬妮，我知道现在对你来说是有点糟，可是只要经过适当的指引，一切就会好转。""你现在的第一件事是让自己安静下来，好好地享受一下宁静的生活。"

听了詹森的话，芬妮开始试着放弃先前忙碌的生活，好好地放松一下自己，给自己休了一个长假。当她已经稳定了一段时间之后，詹森又建议道："在你发脾气之前，不妨想想，究竟是哪一点触动了你？"

"你可以拥有两种思考，一种是让每件事情都在脑海里剧烈地翻搅，另一种则是顺其自然，让思想自己去决定。"说着，詹森拿出了两个透明的刻度瓶，然后分别装了一半刻度的清水，随后又拿出了两个塑料袋。芬妮打开来，发现分别是白色和蓝色的玻璃球。詹森说："当你生气的时候，就把一颗蓝色的玻璃球放到左边的刻度瓶里；当你克制住自己的时候，就把一颗白色的玻璃球放到右边的刻度瓶里。最关键的

是,现在,你该学会控制自己的情绪,如果不试着控制自己的情绪,你会继续把生活搞得一团糟。"

此后的一段时间内,芬妮一直照着詹森的建议去做。后来,在詹森的一次造访中,两个人把两个瓶中的玻璃球都捞了出来。他们同时发现,那个放蓝色玻璃球的水变成了蓝色。原来,这些蓝色玻璃球是詹森把水性蓝色涂料染到白色玻璃球上做成的,这些玻璃球放到水中后,蓝色染料溶解到水中,水就呈现了蓝色。詹森借机对芬妮说:"你看,原来的清水投入'坏脾气'后,也被污染了。你的言语举止,是会感染别人的,就像玻璃球一样。当心情不好的时候,要控制自己。否则,坏脾气一旦投射到别人身上的时候,就会对别人造成伤害,再也不能回复到以前。所以一定要控制好自己的言行。"

芬妮后来发现,按照詹森的建议去做时,她真的不会那么混沌了,事情也容易理出头绪。在此之前,她的心里早已容不下任何新的想法和三思而后行的念头,已经形成了一种忧虑的习性,这些让她恐惧慌乱而情绪化。

当詹森再次造访的时候,两个人又惊喜地发现,那个放白色玻璃球的刻度瓶竟然溢出水来——看来芬妮对自己的克制成效不小。慢慢地,芬妮已学会把自己当成一个思想的旁观者,来看清自己的意念。一旦有了不好的想法就很快发现,想法失控的时候就及时制止。这样持续了一年,她逐渐能够信任自己并且静观其变,生活也步入常轨,并重新得到了一位优秀男士的爱,美好在她的生活中渐渐展现开来。

任凭坏情绪摆布的人往往是生活的弱者，当你要发脾气的时候，应该做的第一件事就是尽量让自己安静和放松下来，想一想目前出现了什么情况，而不是顺其自然让脾气发作，被情绪牵着走。

有一天，陆军部长斯坦顿怒气冲冲地来到林肯那里，抱怨一位少校公开指责他偏袒下属。林肯建议斯坦顿立即写一封信回敬那位少校。

"可以狠狠地骂他一顿。"林肯说。

斯坦顿立刻写了一封措辞激烈的信，然后拿给总统看。

"对了，对了。"林肯高声叫好，"要的就是这个！好好教训他一顿，真写绝了，斯坦顿。"但是当斯坦顿把信叠好装进信封里时，林肯却叫住他，问道："你要干什么？"

"寄出去呀。"斯坦顿有些摸不着头脑了。

"不要胡闹。"林肯大声说，"这封信不能发，快把它扔到炉子里去。凡是生气时写的信，我都是这么处理的。这封信写得好，写的时候你已经解了气，现在感觉好多了吧，那么就请你把它烧掉，再写第二封信吧。"

和别人生气的时候，要注意合理控制自己的情绪，既不要把自己的愤怒压抑在心底，也不要直接将愤怒发泄给别人，而要找出一个缓解愤怒情绪的合理步骤，让自己的情绪缓一缓，等自己的内心平静了再做决定。

除了愤怒情绪之外，忧郁、失望、苦闷等消极情绪也是阻碍我们走向成功的重要因素。一个人要取得成功，就要学会合理地控制自己的消极情绪。

一个人成功的最大障碍不是来自外界，而是自身，除了力所不能及的事情做不好之外，自身能做的事不做或做不好，那就是自身的问题，是自制力的问题。

如果你能够恰当地掌握好情绪，那么将在别人心目中留下"沉稳、可信赖"的形象，你的人生也必定会因此而受益匪浅。

驾驭好自己的情绪，增强自控能力，是取得成功的一个重要因素，也是成功人生的重要法则之一。

冷静沉着，遇事应付自如

无论做什么事情都不要着急，不管发生什么事，都要冷静、沉着。
——狄更斯

强生并没有十分过人的才华，也没有做出什么惊天动地的大事，却成了全美国人心中最优秀的青少年楷模之一。这究竟是为什么呢？

18岁的约翰·强生是一位美国高中学生，他住在北达科他州的一个农场。1992年1月11日，他独自在父亲的农场里干活。

当他在操作机器时，不慎在冰上滑倒了，他的衣袖绞在机器里，两只手臂被机器切断。

强生忍着剧痛跑了400米来到一座房子里。他用牙齿打开门闩，爬到了电话机旁边，但是无法拨电话号码。于是，他用嘴咬住一枝铅笔，一下一下地拨动，终于要通了他表兄的电话，他表兄马上通知了附近有关部门。

明尼阿波利斯市的一所医院为强生进行了断肢再植手术。他住了一个半月的医院，便回到北达科他州自己的家里。过了一段时间，他已能微微抬起手臂，并能够回到学校上课了。他的全家和朋友为他感到自豪。

美国人为什么喜欢强生呢？有的说，他聪明，用铅笔打电话，还会用嘴打开门。有的说，他喜欢干活，我们喜欢勤劳的人。还有的说，他身体真棒，一定曾努力锻炼身体，不然早没命了。

一位学者概括了这些人的回答，人们除了佩服他的勇气和忍耐力外，还有一种遇事冷静沉着的精神。他一个人在农场操作机器，出了事后，冷静沉着，顽强自救，所以他是好样的。

强生的冷静还体现在这样一个细节：他把断臂伸在浴盆里，为了不让血白白流走。当救护人员赶到时，他被抬上担架。临行前，他冷静地告诉医生："不要忘了把我的手带上。"

一个人在关键的时候，在危难之中能够保持冷静，不仅是一种可贵的品质，也是战胜困难、避免危险的重要条件。

第二次世界大战期间，法国有一位普通的家庭主妇，她的丈

夫雷诺在马奇诺防线被德军攻陷后，当了德国人的俘虏，她的身边只有两个幼小的儿女——12岁的雅克和10岁的杰奎琳。为把德国强盗赶出自己的祖国，母子3人参加了当时的秘密情报工作。

　　一天晚上，屋里闯进了3个德国军官，其中一个是本地区情报部的官员。他们坐下后，一个少校军官对着一张揉皱的纸在暗淡的灯光下吃力地阅读着。这时，那个情报部的中尉顺手拿过藏有情报的蜡烛点燃，放到长官面前。情况变得危急起来，雷诺夫人很清楚：当蜡烛燃到铁管就会自动熄灭，同时也意味着他们一家三口的生命将告结束。她看着两个脸色苍白的儿女，急忙从厨房中取出一盏油灯放在桌上。"瞧，先生们，这盏灯亮些。"说着轻轻地把蜡烛吹熄，一场危机似乎过去了。但是，轻松没有持续多久，那个中尉又把冒着青烟的烛芯重新点燃，"晚上这么黑，多点支小蜡烛也好嘛。"他说。

烛光接着发出微弱的光。此时此刻，它仿佛成为这房里最可怕的东西。雷诺夫

人的心提到了嗓子眼上,她似乎感到德军那几双恶狼般的眼睛都盯在越来越短的蜡烛上。一旦这个情报中转站暴露,后果是不堪设想的。

这时候,小儿子雅克慢慢地站起:"天真冷,我到柴房去搬些柴来生火吧。"说着伸手端起烛台朝门口走去,房子顿时暗下来。中尉快步赶上前,厉声喝道:"你不用灯就不行吗?"一把把烛台夺回。

时间一分一秒地过去。突然,小女儿杰奎琳娇声对德国人说道:"司令官先生,天晚了,楼上黑,我可以拿一盏灯上楼睡觉吗?"少校瞧了瞧这个可爱的小姑娘,一把拉她到身边,用亲切的声音说:"当然可以。我家也有一个像你这样年纪的小女儿。来,我给你讲讲我的路易莎好吗?"杰奎琳仰起小脸,高兴地说:"那太好了。不过,司令官先生,今晚我的头很痛,我想睡觉了,下次您再给我讲好吗?""当然可以,小姑娘。"杰奎琳镇定地把烛台端起来,向几位军官道过晚安,上楼去了。正当她踏上最后一级阶梯时,蜡烛熄灭了。

冷静沉着,临危不乱,才能够化险为夷,力挽狂澜。面对生活中的压力和危险,青少年要从容不迫,沉着应

对，保持一颗冷静的头脑，控制好自己，才能控制意外的局面。

破除陋习，养成好习惯

要是人不能改掉坏习惯，那就毫无价值。——奥斯特洛夫斯基

习惯是一个人成功或者失败的分水岭。好习惯是一个人通向成功的保证，而染上了恶习或者坏习惯，就等于为失败敞开了一扇大门。

约翰·卡许很小的时候就梦想要成为一名歌手。上大学时，他买到了自己有生以来第一把吉他。他开始自学弹吉他，练习唱歌，甚至自己创作了一些歌曲。毕业后，他开始努力工作以实现当一名歌手的夙愿，可他没能马上成功。没人请他唱歌，就连电台唱片音乐节目广播员的职位他也没能得到。他只得靠挨户推销各种生活用品维持生计，不过他还是坚持练唱。他组织了一个小型的歌唱小组，在各个教堂、小镇上巡回演出，为歌迷们演唱。最后，他灌制的一张唱片奠定了他音乐工作的基础。他吸引了两万名以上的歌迷，金钱、荣誉、在全国电视屏幕上露面——所有这一切都属于他了。他对自己坚信不疑，这使他获得成功。

很快，卡许面临了他人生中的第二次考验。经过几年的巡回

演出,他被那些狂热的歌迷拖垮了,晚上须服安眠药才能入睡,而且还要吃些"兴奋剂"来维持第二天的精神状态。他开始沾染上一些恶习——酗酒、服用催眠镇静药和刺激兴奋性药物。他的恶习日渐严重,以致对自己失去了控制能力。他不是出现在舞台上而是更多地出现在监狱里了。

一天早晨,当他从佐治亚州的一所监狱刑满出狱时,一位行政司法长官对他说:"约翰·卡许,我今天要把你的钱和麻醉药都还给你,因为你比别人更明白你有充分的自由地选择自己想干的事。看,这就是你的钱和药片,你现在就把这些药片扔掉吧,否则,你就去麻醉自己、毁灭自己,你选择吧!"

卡许选择了重新开始。他又一次对自己的能力做出了肯定,深信自己能再次成功。他回到纳什维利,并找到他的私人医生。医生不太相信他,认为他很难改掉吃麻醉药的坏毛病,医生告诉他:"戒毒瘾比找上帝还难。"

然而卡许并没有因为医生的话而放弃自己的想法。他知道"上帝"就在他心中,他决心"找到上帝",尽管在别人看来几乎不可能。他开始了第二次奋斗。他把自己锁在卧室里闭门不出,一心一意要根绝毒瘾,为此他承受了巨大的痛苦,经常做噩梦。后来在回忆这段往事时,他说,他总是昏昏沉沉,好像身体里有许多玻璃球在膨胀,突然一声爆响,只觉得全身布满了玻璃碎片。当时摆在他面前的，一边是麻醉药的引诱，另一边是他奋斗目标的召唤，结果他的信念占了上风。9个星期以后，他又恢复到原来的样子了，睡觉不再做噩梦。他努力实现自己的计划。几个月后，他重返舞台，再次引吭高歌。他不停息地奋斗，终于又一次成为超级歌星。

约翰·卡许曾经在自己的歌唱事业上取得过成功，成为众人喜爱的歌星。然而由于染上了吸毒的恶习，几乎葬送了自己的一生。破除恶习的要诀是以良好习惯代之，这样的改变在1个月内就可完成。办法如下：

1. 选择正确的时间

事不宜迟，如果想改变习惯而又一再地拖延，就会更加害怕失败。在较为轻松的日子，所下的决心即使面临考验也较易应付，因此选择的时间应没有亲朋好友来你家小住，也没有太多限期需要完成的事情。不要选择年底之前，年底要准备过节，不免忙碌紧张，那种压力只会使恶习加深，令人故态复萌。

2. 运用意愿力而非意志力

习惯之所以会形成，是因为潜意识把这种行为跟愉快、慰藉或满足联系起来。潜意识不属于理性思考的范畴，而是情绪活动的中心。"这种习惯会毁掉你的一生。"理智这样说，潜意识却不理会，它"害怕"放弃一向令它得到安慰的习惯。

运用理智对抗潜意识，简直难以制胜。因此，要戒掉恶习，意志力不及意愿力有效。

3. 用好习惯替代坏习惯

另外培养一种新的好习惯，那么破除坏习惯就会容易得多。

有两种好习惯特别有助于戒除大部分的坏习惯。第一种是采用一个有营养和调节得宜的食谱。情绪不稳定使人更依赖坏习惯所带来的慰藉，防止因不良饮食习惯而造成的血糖时升时降，这样有助于稳定情绪。

第二种是经常做运动。这不仅能促进身体健康，也会刺激脑啡的产生，脑啡是脑内一种天然类吗啡化学物质。近年的科学研究指出，缓步跑的人感受到自然产生的"奔跑快感"，全是脑啡的作用。

4. 化整为零，分阶段进行

一旦决定改变习惯，就拟订当月的目标，要切合实际，善于利用目标的"吸引力"。如果目标太大，就把它化整为零。达到一个小目标时不妨自我奖励一下，借以加强目标的吸引力。

5. 不要气馁

成功值得奖励，但失败也不必惩罚。在改变习惯的时间内如果偶有失误，不要引咎自责或放弃。一次失误不见得是故态复萌。

一些心理和行为学家认为，重拾坏习惯的强烈愿望如果不能消除，终会成为破坏力量。然而只要转移注意力，即使是几分钟，那种愿望也会消散，而自制力则会因此加强。

把时间花在解决问题上

> 聪明人不会把时间花在生气上,他会想办法去解决问题。
> ——卡耐基

愤怒、暴躁、指责都无助于问题的解决,只有平息冲动的情绪,着眼于当前的问题,才能尽快地将问题解决。

有一家电脑公司,赶了一批货交给一家新开发的客户,交货之后,却迟迟等不到客户将货款汇来。等了两个星期后,老板亲自到客户的公司拜访。老板在该公司等了很长一段时间之后,得到一张可立即兑现的现金支票。

老板拿着现金支票赶到银行,但是柜台小姐告诉他,这个账户内的存款不足,他的支票根本无法兑现。老板明白是那个客户故意耍诈,想要刁难他。原本他想立刻冲回客户的公司和他大吵一架,但是,这个老板一向秉持着"和气生财"的经营原则,所以他压下自己的怒气,向银行的柜台小姐询问这张支票之所以无法兑现,到底差了多少钱。由于老板的态度很诚恳,所以柜台小姐也很热心地帮他查询。查询的结果是,户头内只剩下98000元,跟他的支票金额只差了2000元。

正如老板所料,这个客户是存心和他过不去。老板灵机一动,从身上拿出 2000 元，请柜台小姐帮他存到客户的账号里，补足支票的面额 10 万元后，再将支票轧进去。这样，他顺利地领到货款了。

其实，这位老板完全可以理直气壮、怒气冲冲地跑到客户的公司去抱怨，但是他却没有这么做。因为他知道，要是他这么做的话，不但浪费自己的时间，而且也会因此永远失去这个客户。所以，他把时间花在解决问题上，而不用来制造新的问题。

面对自己始料不及的情况时，很多人往往会失去理智并迁怒于别人，但这样只会把问题弄得更糟。如果我们把生气的时间花在解决问题上，那么事情就会变得顺利多了。

成功学大师戴尔·卡耐基刚开始拓展事业的时候，经常在全国各地巡回演讲，举办一些成人教育班和座谈会。

后来有一位记者在报纸上毫不留情地攻击了卡耐基和他所热爱的事业。

卡耐基读了报纸之后愤怒难当。他认为这些文字侮辱了他的人格、他的理想，以及他全心全意专注的事业，这个记者根本是在刻意扭曲事实。

气急败坏之下，卡耐基马上打电话给《太阳报》执行委员会的主席，要求刊登一篇声明，以澄清真相。

是可忍孰不可忍，卡耐基当时只有一个念头，就是一定要让犯错的人受到应有的惩罚。

几年之后，卡耐基的事业规模越来越庞大，他不禁为自己当时的幼稚行为感到惭愧。

因为，他直到这时才体会到，当时气冲冲地发表自己的文章，想要借此昭告天下、澄清事实，但是实际上，看那份报纸的人当中也许只有1/10会看到那篇文章；看到那篇文章的人里面可能有1/2会把它当成一件微不足道的小事；而真正注意到这篇文章的人里面，又有1/2会在几个礼拜之后，把这件事忘得一干二净。如此一来，刊登这篇文章有什么作用呢？

经过一番思考，卡耐基的处世态度更为成熟，他明白了这样一个道理：在你的能力范围内，尽可能做你应该做的事，把生气和抱怨的时间用在解决问题上，这才是真正的明智之举。

第八章

主动学习——养成终身学习的习惯

人的一生中,都有接受教育的可能,换句话说,人的一生都是受教育的时间。如今,终身教育已经被联合国教科文组织定为"知识社会的根本原理",并且成为世界各国指定教育政策的主导思想。未来社会是一个学习型社会。如果你不主动学习,就无法取得工作和生活所需要的知识,就无法使自己适应急速变化的时代,你要跟得上时代发展的步伐,就应当主动学习,养成终身学习的好习惯。

有目标、有计划地积累知识

> 我们应当像海绵一样吸取有用的东西。　　——加里宁

在学习的过程中,最重要的是有一个明确的学习目标,有计划、有目标地去积累知识,这样才会有显著的学习成果。一个什么都想学,什么都想积累的人,最后什么都学了一点,往往什么都学不成。

一位教育学家指出:"你的周围有一个浩瀚的书刊的海洋,要非常严格慎重地选择阅读的书籍和杂志。爱钻研和求知欲旺盛的人总是想博览一切,然而这是做不到的。要善于限制阅读范围,要把精力和时间放在最值得学习的知识上。"这说明一个人在学习过程中,一定要学会有所选择,根据自己的志趣和目标选择合适的学习内容。

福特少年时,曾在一家机械商店里当店员,周薪只有2美元多一点。他自幼好学,尤其对机械方面的书籍更是着迷。因此他每星期都花两块多钱来买书,孜孜不倦地研读,从未间断。当他和布兰都小姐结婚时,只有一大堆五花八门的机械杂志和书籍,其他值钱的东西则一无所有,但他已拥有了比金钱更宝贵、更有

价值的机械知识。

几年后,父亲给了他200多平方米的土地和一栋房屋。如果他未研读机械方面的杂志书籍,终其一生,也许只是一个平平凡凡的农夫而已。但"水向低处流,人往高处走",已具有丰富机械知识、胸怀大志的福特,却朝向他向往已久的机械世界迈进。

此时,从书本上得来的知识,助他开创了一番大事业。

功成名就之后,福特曾说道:"积蓄金钱虽好,但对年轻人而言,学得将来经营所必需的知识与技能,远比蓄财来得重要。"

学习知识贵在有目标。有了目标,才能明确"积"什么,"累"什么。缺乏内在联系的知识,或虽有联系但彼此相隔太远的知识,积累得再多,也难以发挥作用。

有了目标,才可能判断知识的相对价值,知识具有或大或小的价值,因人而异。对于不同的立志成才者来说,它们的价值又具有相对性,并不一样。语言对于学习历史、哲学、文学的人价值很大;可是对学现代物理的人价值就小多了。因此,应根据自己的需要,选择最有用的知识。可见,只有明确目标,才能在较短的时间内掌握较多的知识。

为了更好地构建你的知识大厦,使你的学习变得有目标、有计划,你需要坚持以下几个原则:

1. 目的明确

在现在科学分类愈来愈细的情况下,一般人不可能在许多领域中都取得出色的成就。知识的海洋无边无涯,而人生的时间和精力却总是有限的。一个人能在某一领域有所建树就很不错了,因此,在确定了自己终生奋斗的目标后,积累知识就应有明确的方向,战线不可拉得太长。积累的知识太杂,会忽略学习的重点,以至喧宾夺主,劳而无功。况且,要在最佳年龄区做出创造性贡献,时间也不允许你把某门学科的近邻远亲都搞个一清二楚。有句名言说得好:什么都想知道,结果什么也不知道。学习要明确目的性是至关重要的。

2. 认真筛选

任何名著、佳作都不可能字字闪金光,句句皆良言。一般会既有其独到的见解,也可能有失之偏颇之处,有些甚至是良莠混杂。因此学习知识必须善于分析,去粗取精,去伪存真,为我所用。要善于沙里淘金,撷取闪光的思想、观点和方法。

3. 统筹兼顾

学习知识必须从横纵两个方面考虑,统筹兼顾。所谓纵的方面,就是积累那些有利于把学习引向深入的知识;所谓横的方面,就是在积累那些专门学科知识的同时,搜集与自己研究的领域、探索的问题有密切关联的学科的知识,有时其他学科的知识能给自己的学习带来启发、联想和论据。马克思为了研究政治经济学,阅读了1500多种书籍,甚至连农业化学、实用工艺学之类的书都不放过。对知识和材料的统筹兼顾,实际上也是在培养自己的综合能力和预见性。

马克思有句名言:"研究必须充分地占有材料,分析它的各种发展形式,探求这些形式的内在联系。"研究某一具体问题,必须尽可能地研究涉及这一问题的所有资料。只有在大量资料的基础上进行归纳、分类、分析、综合,才能有所发现,有所创见。

4. 及时摘录

一位著名学者曾告诫青年,一发现有价值的东西就要如获至宝,马上摘录下来。读书看报,随时都可能碰到有用的知识。这时,就要立即把它们记下来,做成知识卡片。有些零星的、散见在报刊杂志上的资料,如果不及时收集,往往如过眼烟云,稍纵即逝。重新查找不仅费时间多,而且有的资料往往一时很难再找到。

利用卡片、笔记等方式积累知识,是为了帮助记忆。

知识的价值之一就在于其准确性。因此,我们在做记录时一定要做到"认真"两字。摘抄完毕,最好与原文核对一遍,特别是引语和数据等。作者的基本观点,最好采用原文,以免在自己转述时失真。资料的出处(版本、日期、页码等)要丝毫不差地记上,以便需要的时候翻阅原作。

5. 注意求新

学习知识要注意求新，要不断学习和吸收新知识和新观点。在一定时间内，针对某一问题的研究，不仅要收集前人对这一问题的看法和观点，了解他们探索的足迹，同时更要注意收集同时代人的研究成果，特别是目前的研究进展。这就要求我们不仅要在大部头著作上搜寻，更要经常阅读各种期刊杂志、评论及文摘。一般新出版的著作里记载的往往是几年前甚至10多年前的研究成果，而出版周期较短的杂志，则有助于读者掌握国内外的新动向、新思想和新成就。

建立合理的知识结构

> 人的大脑就好比是一间空屋子，应该有目的、有选择地把一些家具组合搭配起来放进去，才能成为一个家，人住进去才会舒服。
>
> ——佚名

人类知识的海洋是无边无际的，一个人一生的时间和精力是不可能学完所有知识的，所以我们在学习知识的时候要注意加以选择，以自己的专业为中心，联系相关学科，将自己所学知识构建起一个合理的知识结构，才能学有所成。人脑本来是一间空屋子，应该有目的、有选择地把一些家具组合搭配起来放进去，才能成为一个家，人住进去才舒服，如果把碰到的各种各样的物品一股脑儿全堆进去，那就成了垃圾场。

许多人认为，一个人知识水平的高低，主要取决于他的知识量的多少，现在看来，这是一种错误的观点。按照人才学的基本原理，一个人的知识水平的高低，主要取决于两条：一是知识的渊博程度，二是知识结构是否合理。两者相比，后者更为重要。道理很简单，人脑好比"仓库"，知识好比"零件"，"零件"再多，倘若这些"零件"之间没什么联系，只是杂乱无章地堆在"仓库"里，那就毫无用处。只有这些"零件"按照合理的结构组装成"机器"时，才能使人成才。知识并非多多益善，如果一个人学到的和储存的知识大都是散乱无章、毫无关系的，就不可能构筑起合理的知识结构，他所谓"渊博"的知识对成才也就不可能有什么大的用处。

知识结构因人才类型的不同而呈现出特殊性。据调查，那些成功人士的知识结构主要可以归为以下三大类。

第一种是金字塔形知识结构，这是一种传统的知识结构。在此结构中：

第一层次是一般基础知识，包括数学知识、物理知识、化学知识、语文知识、历史知识、地理知识、外语知识、哲学知识、政治常识、经济常识、法律常识、体育常识等，这些与专业有着千丝万缕的联系。它决定着一个人的基本知识素养。这一层次的知识越宽广、越扎实，就越能启迪思维、开阔思路，利于个人事

业的发展。

第二层次是专业基础知识,它是与专业直接相关的知识。以物理专业人才为例,它包括力学、热学、电磁学、光学、普通物理实验、复变函数、电子学基础、电子学实验、计算机应用等,它是专业知识的基础和延伸。这些基础打得越深厚,就越能把自己打造成专业型人才。

第三层次是专业知识。这个层次的知识越丰富,就越有可能做出成就,它是从事科学研究的资本。例如,物理专业包括原子物理学、理论力学、热力学与统计物理、电动力学、量子力学、近代物理实验、固体物理学、原子核物理学等本专业学科的概念体系、理论体系、研究工具和基本资料。

第四层次是主要专业知识。例如物理学专业中的原子核物理包括原子核物理的历史发展、现实状况、发展前景等。它是专业知识中某一方面的科学知识,是从事科学研究的决定性条件,这个层次越精深,就越能快出成果、多出成果、出大成果。

金字塔形知识结构,易于把宽厚的知识集于一点,从而突破主攻目标,取得卓越成就。它侧重于基础知识的宽厚性、专业知识的精深性和主攻目标的明确性。但这种知识结构不太适应那些需要较大开拓性的工作。

第二种是网络形知识结构。主要由3个部分构成：

第一部分是以自己的专业知识为网络的"中心"。它主要包括基本管理理论和基本管理科学知识。

第二部分是与专业相近、直接作用于专业的应用理论知识。主要包括社会技术系统、社会合作系统、应用系统理论、群体行为、合理选择、人际关系、管理科学、管理经验总结和分析等，这是管理人才的主要专业知识。

第三部分是与专业相距较远、间接影响专业的基础理论知识。这是管理得以实施的外部环境的有关理论。它包括工业工程理论、政治学理论、一般系统理论、社会学、社会心理学、文化人类学、决策理论、经济理论、心理学、数学、管理人员的实际管理经验等。

网络型知识结构侧重于专业理论的核心作用和有关系统知识的相关性，强调发挥专业知识的决定作用和整体知识的协调作用，具备这种知识结构者能在较大范围内吸取所需的营养，发挥潜在的才能。

第三种是帷幕形知识结构。每个人的工作岗位不同、职责范围不同，所应具备的各种知识的比重也不同。一位法国管理专家法亚尔认为，对于从工人到总经理一系列的企业人员，所需具备的知识大致可以分为技术、管理、财政、商业、会计、安全6个方面。

不同的知识结构,让你在各自从事的领域中游刃有余。但是随着社会的发展和精细化分工时代的到来,相关领域的关联越来越大。要适应未来社会的发展,我们就必须对自己的知识结构适时地加以调整,不断地补充新知识,完善自己的知识结构。

掌握正确的学习方法

成功=艰苦的劳动+正确的方法+少谈空话。　　——爱因斯坦

成功一定有方法,失败一定有原因。只要我们能找到高效的学习方法,养成良好的学习习惯,我们就会大大提高自己的学习效率。

高效的学习方法包含许多共性的和个性的方法。我们一方面应该牢牢掌握共性的学习方法,如记忆规律、时间管理、先预习后听课、先复习后练习、画知识结构的大脑地图等良好的学习习惯。另一方面,我们还应深度挖掘自己的个性化学习方法,如有些人喜欢整体学习,有些人则喜欢分步学习;有些人喜欢视觉学习,而有些人则喜欢听觉或动觉学习,我们要发挥自己的长处,形成自主学习的习惯,学会深度地思考,充分享受学习带来的乐趣。

下面我们挑选了几种为专家和学者所推崇的较为正确的学习

方法，供青少年朋友们参考。

1. 锥型学习法

诺贝尔经济学奖金获得者、美国的西蒙教授曾提出了这样一个见解："对于一个有一定基础的人来说，只要肯下工夫，在6个月内就可以掌握任何一门学问。"西蒙立论所依据的实验心理的研究成果表明：一个人一分钟可以记忆一个信息，心理学把这样一个信息称为"块"，估计每一门学问所包含的信息量大约是5万块，如果一分钟能记忆一"块"，那么5万块大约需要1000个小时，以每星期学习40小时计算，要掌握一门学问大约需要用6个月。

为了形象地说明，我们把这种学习方法比做一把锥子。知识的专一性像锥尖，精力的集中好比是锥子的作用力，时间的连续性好比是不停顿地使锥子往前钻进。这种学习方法所支配的学习活动，呈现出一种尖锐猛烈、持续不断的态势。

举一个浅显的例子就可明白这种学习方法的原理。烧一壶开水，如果断断续续地烧，1万斤柴也烧不开；如果连续烧，10斤柴就够用了。

"锥型学习"方法对于现代人是十分有用的。现代人的有效知识（即实际需要的知识）大约相当于他总知识的10%，因此学习者没有必要面面俱到，应从本职工作出发按制订目标的需要学习知识，这样学习的知识都是有用的，像锥子一样，照准一个眼深钻下去你就会取得清澈的泉水。传统的学习是把沙子和铁砂混在一起来找铁砂,而采用创造性学习法,则要直接得多,是从沙子中吸铁砂。

2. "螺旋上升"式学习法

所谓螺旋上升的学习法,就是用一系列的循环知识单元,代替平铺直叙的知识积累和阐述。每一循环都比上一个循环更高一层、更进一步。这种"螺旋上升"式学习,可以说具有"格式塔"的特征。"格式塔"指的是把许多现象综合为功能单元的一种系统。通俗地说,是整体大于各部分总和的一种循环。后一循环需要以前一循环为基础,而又比前一循环更深、更高,使前一循环得到丰富和补充。

"螺旋上升"式学习法,是以学习者所感兴趣或想研究的内容为目标,起点可以是某个基本概念、某个公式、某个实验现象、某个疑难问题,甚至可以是自己的某种设想。从这个起点出发,围绕着中心内容,学习、掌握与中心内容有直接关联的基本知识,同时了解那些与中心内容有联系,但并不直接影响的有关知识。经过一个阶段的学习,能掌握基本概念,理解和运用公式,通过实验现象得到分析结果,疑难问题得到解决,设想得到丰富和完善。与此同时,还了解了与所学内容有关的知识,领略了所学知识的概貌。在这一循环的学习中,又会遇到新的概念、新的问题,再以此为新的起点,进一步循环,进一步学习,进一步开阔视野。

3. 快速学习法

知识的更新越来越快,信息如同洪水一样不断涌来,传统的死记硬背的学习方法根本无法对付新知识的洪流。快速学习法可以使人们以高于常法5倍的速度灵活、迅速地掌握新知识。

人们都有这样的经验，一件难记的事情或一道难解的数学题，若是你有意识地向别人讲述几遍，就能大大地加深印象，易于记住或理出头绪。这是因为你讲述的时候，为了说明它们，大脑在紧张地活动，许多概念在"表现"它们的时候得到了强化，化为自己的知识。许多杂乱无章的"因子"在"表现"它们的时候，得到整理，使它们有条理而且更清晰了。

"快速学习法"正是根据上述原理展开学习的。在用这种方法学习时，先不求完全理解，也不去听别人的讲述，而是拿到教材后，直接根据书前的目录，动员自己所有的潜在知识（即以前学过的有关知识、概念等）进行一次"自我讲授"。讲完后才打开书本，进行第一次通读。通读时不记笔记，更不问人，只是在不甚理解的地方画上记号。经过这次通读，第一次"自我讲授"的不足之处、谬误所在都会"跃然纸上"，使你体会颇深，受益匪浅。然后你就可以用自己的语言编制出一张精炼适用的"目录一览表"，对照着它进行第二次自我讲授。这次的讲授就比第一次更完善、更丰富，许多模糊之处也会渐渐清晰起来，印象也大大加深。再者，又可以第二次通读教材，这次的通读所获得的感受、心得和体会便会像闪光的亮点一样永远记在心里。当你进行第三次自我讲授时，就会更加顺利，发挥得更加开阔……这样，经过4～5个回合的自我讲授和通读、精读后，你就能得心应手地掌握

这门新学问了。

让学习变成一件快乐的事情

>决不要把学习看成任务,而是一个令人羡慕的机会。
>
>——爱因斯坦

兴趣和爱好是一个人学习的强大动力,它可以让学习变成一件快乐的事情。有了兴趣、爱好,人们就会自觉地从事或追求这种爱好的事情。兴趣、爱好是一种动力,它使人勤奋,使人坚持不懈地干下去,它还会给人愉快感。人们在从事自己所喜爱的事情时,总是感到有一种莫名的兴奋感和满足感。事实上,很多人的成功都是源于幼时的兴趣和爱好。英国著名的生物学家达尔文就是一个很好的例子。

达尔文小时候就对周围环境非常感兴趣,特别喜欢钻研问题。一天,小达尔文跟着父亲到花园里散步,花坛里盛开着五颜六色的花,美丽极了。他见其他花有好多种颜色,而报春花只有黄色和白色两种颜色,就对父亲说:"爸爸,要是报春花也有很多种颜色,那该多好呀!"

父亲笑着说:"你这个小幻想家,好好努力,我相信你一定能想出好办法。"

过了几天，小达尔文对父亲说："我已经想出了一个非常好的办法，我要变一朵红色的报春花送给你。"

父亲随口应道："好好好，我的小宝贝，你去变吧，变出来的话，它将是我们英国第一朵红色的报春花。"

又过了几天，小达尔文大声喊着跑到爸爸面前，把手伸到爸爸跟前说："爸爸，你快看呀！"

父亲一看，捧在儿子手里的果然是一朵火红色的报春花，美丽极了。

"小宝贝，你是怎么变出来的？"爸爸惊奇地问。

"研究出来的呗。"小达尔文骄傲地说，"你曾经说过，花每时每刻都在用根吸水，并且把水传到身体的各个地方去，于是我就想让报春花喝些红色的水，传到白色的花朵上，那么花不就会透出红颜色来了吗？昨天，我折了一朵白色的报春花，把它插到红墨水里，今天它就变成红色的了！"父亲把儿子抱了起来，亲了又亲。

由于达尔文对大自然有浓厚的兴趣，经过孜孜不倦的探索，他后来成了伟大的生物学家。

兴趣是一个人汲取知识的动力，它可以让学习变成一件快乐的事情。中国最大的教育软件公司科利华公司的副总裁陈健翔博士曾提出过"享受学习"的理念——把学习当成一种享受，这是学习的最高境界！

那些学习优异的学生，大多是享受到了学习的乐趣，大多都

把学习当成一种享受；那些科学家、思想家也都具有把学习、劳动、科研当成享受的品质……

学习是"苦"还是"乐"，其实关键在于你对学习的态度，如果你找到学习的兴趣所在，如果你认识到学习的重要性，如果你找准适合自己的学习方法，并在学习中不断获得成功，那么，学习就会变成一种享受、一种乐趣，你也就会拥有更多的阳光、更多的兴奋！

那么，怎么才能让学习变成一件快乐的事情呢？

首先，要明确学习的目的。

少数人学习的出发点不是为了获取知识，不是为了获得精神上的享受，而是为了在未来获得更多的物质享受，他们虽然是以一种主动的心态去学习，但却是在被动地获取和接受知识。所以，他们无法真正地享受学习，不能享受学习为他们带来的可持续的快乐。

而与此恰恰相反的是，我们现在能看到的那些动人心弦的、流传千古的古代优秀诗文，却正是那些饱经沧桑、物质贫困的人为我们留下的，陶渊明、杜甫、白居易、苏轼、蒲松龄无不如此，他们的"腹有诗书气自华"满足了他们的精神追求，使他们真正做到了快乐学习。

把学习当做日常的生活方式和正常的生命状态，把学习看做生存的需要和发展的前提，这是富有时代特点的学习方式。

如果你能够深刻地理解到学习的目的，那么，学习的快乐也就会喷薄而出。

其次，必须理解学习的作用。

人天生存在着发展的需求，在认知方面就是求知欲，而求知欲的满足是相当快乐的事情。学习就是我们获取知识的过程，是我们由无知到有知的过程。通过学习，我们的思想得以丰富，我们的智慧得以增长，我们的素质得以提高。

只有学习，我们才能更好地继承前人优秀的经验；只有学习，我们才能让自己更快地成长；只有学习，我们才能知道什么是过去、现在和将来；只有学习，我们才能得到新的启发，进一步开发自己的潜能，造福人类……

学习并没有我们想象的那样枯燥乏味，其中也蕴藏着五彩缤纷的世界。我们不应把学习看成是一种负担，应该把它看成是自己生活中不可或缺的一部分。

最后，必须掌握学习的方法。

可以想象，当一个人的学习效率比以前提升3～10倍时，他会有什么感觉？兴奋、自信、快乐、对前途充满信心和期待，踌躇满志地要实现自己的种种梦想，等待着考试，等待着他人的赞扬，想着要站到领奖台上！这就是学习的快乐！

对于青少年来说，最好的兴趣爱好当然是求知欲。那些精力充沛、智力发达的人们在日常工作之余，可以从事自己爱好的事业。有的人钻研科学，有的人钻研艺术，有的人从事文学创作，有这种高雅的业余爱好的人是真正高尚和幸福的人。哲人们大都爱好广泛，多才多艺，从文学到数学，从历史到社会科学，他们都广泛涉猎，甚至有自己独到的研究。当然，任何事物都要讲究一个度，对知识的追求和爱好这一爱好也不能任其发展，如果纵之过度，就会使人精疲力竭、精神委靡不振，连自己的分内之事都干不好，这就是本末倒置了。

终身学习，成为迎接新世纪挑战的高能武器，越来越受到全世界的高度重视。而它也理所当然地成为知识经济时代的生存方式。

第九章
惜时——成功属于善用时间的人

时间是组成生命的材料。一切节约，归根到底都是时间的节约。时间是你可以掌握在手中的最宝贵的财富。如果你想取得成功，就必须认识到时间的价值。对于青少年来讲，时间尤其宝贵，你应当像珍惜自己生命一样珍惜自己的时间，只有这样，你才能够在有限的人生中做出更多有意义的事情。

重视时间的价值

> 醒来吧——你的良辰已经来临!醒来吧——每个瞬间贵如黄金。
> ——普希金

歌德曾经说过:"你珍惜生命吗?那么就请珍惜时间吧,因为生命是由时间累积起来的。"

"别忘了,时间就是金钱。假设,一个人1天的工资是10先令,可是他玩了半天或躺在床上睡了半天觉,他自己觉得他在玩上只花36便士而已。错误!他已经失去了他本应该得到的5先令千万别忘了,就金钱的本质来说,是增殖的。钱能生更多的钱,并且它的下一代还会有很多的子孙。

"假如一个人杀死一头能下仔的母猪,也就是毁灭了它的后一代,甚至于它的子子孙孙。假如谁消灭了5先令的金钱,那样就等于消灭了它所有能产生的价值。换句话说,可能毁掉了一座金山。"

这段话是美国著名的思想家本杰明·富兰克林的一段经典名言,它简单直接地告诉人们这样一个道理:假如你想成功,就必须认识到时间的价值。

"一切节约归根到底都是时间的节约。"时间是你可以握在手中的最宝贵财富。那些在事业上取得卓越成就的人都十分重视时间的利用。我们来看看法国著名作家巴尔扎克是怎样利用一天时间的。

午夜,墙上的挂钟敲了12响,巴尔扎克准时从睡梦中醒来,他点起蜡烛,洗一把脸,开始了一天的工作。这是最宁静的时刻,既不会有人来打扰,也不会有债主来催账,这是他写作的黄金时间。

准备工作开始了,他把纸、笔、墨水都放在适当的位置上,这是为了不要在写作时有什么事情打断自己的思路。他又把一个小记事本放到写字台的左上角,上面记着章节的结构提纲。再把为数极少的几本书整理一下,因为大多数书籍资料都早已装在他脑子里了。

巴尔扎克开始写作了。房间里只听见奋笔疾书的"沙沙"声。他很少停笔,有时累得手指麻木,太阳穴激烈地跳动,他也不去休息,只是喝上一杯浓咖啡,振作一下精神,又继续写下去。

紧张有序的写作一直持续到早晨8点。此时巴尔扎克草草吃完早饭，洗个澡，紧接着就处理日常事务。印刷所的人来取墨迹未干的稿子，同时送来几天前的清样，巴尔扎克赶紧修改稿样。

修改稿样的工作一直进行到中午12点。整个下午的时间，他用来摘记备忘录和写信，在信上和朋友们探讨艺术上的问题。

吃过晚饭，他要对晚饭以前的一切略作总结，更重要的是，对明天要写的章节进行细致缜密的推敲，这是他写作中一个非常重要的环节，一个必不可少的步骤。晚上8点，他放下了一切工作，按时睡下了。

这普通的一天，只是巴尔扎克几十年间写作生活的一个缩影。

巴尔扎克曾经这样说过："我发誓要取得自由，不欠一页文债，不欠一文小钱，哪怕把我累死，我也要一鼓作气干到底。"

他在生命弥留之际，还念念不忘尚未完成的《人间喜剧》。他向医生了解确实的病况，医生问他：

"你完成那些工作还要多少日子呢？"

"6个月。"

医生摇摇头。

"6个月都活不到吗？6个星期怎么样？"

医生还是摇摇头。

"至少6天总可以吧？我还可以写个提纲，也可以把已经出版的50卷校订一下！"

医生只是劝他即刻写遗嘱。

"什么？6个小时？"

就在他这样问着的时候，死神悄悄地来到了他身边。

虽然巴尔扎克没有完成心中的夙愿，但是他惜时如金的精神使他为后世留下了96部长中短篇小说和随笔，为世界文学的发展和人类进步产生了巨大的影响。

每个人在生活的每一天都必须考虑并安排好：我该为哪些事花费时间？哪一些可以忽略或缩短？

只有像计较金钱那样计较时间，我们才能在有限的人生中做更多有意义的事情。

警惕你的"时间窃贼"

你要把时间当做一条河，你不要坐在岸旁，看它流逝。

——纪伯伦

时间如同金钱，愈懂得利用的人，就愈能感受到它的价值，愈是贫穷的人，愈感觉它可贵。当我们富有时，往往不知道如何利用而任意挥霍，当自己真正需要的时候，时间却已经所剩无几了。这时候我们可能会产生"时间都到哪儿去了"的困惑。

时间管理学研究者们发现，人们的时间往往是被下述"时间窃贼"给偷走的。

1. 寻找东西

据对美国 200 家大公司职员做的调查，公司职员每年都要把 6 周时间浪费在寻找乱放的东西上面。这意味着，他们每年要损失 10% 的时间。对付这个"时间窃贼"，有一条最好的原则：不用的东西扔掉，不扔掉的东西分门别类保管好。

2. 懒于行动

对付这个"时间窃贼"的办法是：

（1）使用日程安排簿。

（2）在家居之外的地方工作。

（3）及早开始。

3. 时断时续

研究发现，造成公司职员浪费时间最多的是干活时断时续的方式。因为重新工作时，职员需要花时间调整大脑活动及注意力后，才能从停顿的地方接着干下去。

4. 为过去惋惜或空想未来

老是想着过去犯过的错误和失去的机会，欷歔不已，或者空想未来，这两种心境都是极浪费时间的。

5. 拖拖拉拉

这种人花许多时间思考要做的事，担心这个担心那个，找借口推迟行动，又为没有完成任务而悔恨。在这段时间里，其实他们本来能完成任务而且转入下一个工作的。

6. 未认清问题便盲目行动

这种人与拖拉作风正好相反,他们在未获得对一个问题的充分信息之前就匆忙行动,以至于往往需要推倒重来。这种人必须培养自己的自制力。

7. 分不清轻重缓急

即使是避免了上述大多数问题的人,如果不懂得分清轻重缓急,也达不到应有的效率。

区分轻重缓急是时间管理中很关键的问题。许多人在处理日常事务时,完全不考虑完成某个任务之后他们会得到什么好处。这些人以为每个任务都是一样的,只要时间被工作填得满满的,他们就会很高兴。或者,他们愿意做表面看来有趣的事情,而不理会不那么有趣的事情。他们完全不知道怎样把人生的任务和责任按重要性排队,确定主次。在确定每一天具体做什么之前,要问自己3个问题。

(1)我需要做什么?——明确那些非做不可,又必须亲自做的事情。

(2)什么能给我最高回报?——应该把时间和精力集中在能给自己最高回报的事情上。

(3)什么能给我们最大的满足感?——在能给自己带来最高回报的事情中,优先安排能给自己带来满足感和快乐的事情。

随时警惕你的"时间窃贼",切记珍惜时间就是珍惜生命。时间是生命的本钱,一个人浪费时间就是白白送掉自己的生命。

时间来得匆匆,去得也匆匆,要想使自己的生活更有意义,就应该珍惜属于自己的短暂时间。

时间对每个人来说都是平等的,珍惜时间的人就会得到无穷无尽的财富,而浪费时间的人将一无所获。

合理规划你的时间

合理规划时间等于节约时间。　　　　　　　　　　——培根

著名的效率专家查尔斯·菲尔德认为:善于为时间立预算、做规划,是有效管理时间的第一步。

事实上,时间都是"计划"出来的。能够合理规划自己时间的人就等于拥有比别人多出几个小时的时间。

A、B二人斗智,A出了一个题目让B来完成。这个题目看起来是不可能完成的,即在一个同时只能烙两张饼的锅中,3分钟内烙好3张饼,每张必须烙两面,每面烙1分钟。这样算下来,最少需要4分钟才有可能把3张饼烙完。可是A只给了B 3分钟的时间,这怎么办呢?

B想了想,就想到了在3分钟内烙3张饼的方法:这种方法的宗旨就是打破常规的烙饼方法。先烙两张饼,1分钟后,把一

张翻烙,把另外一张取出,放入第 3 张饼,等第 2 分钟过后,把烙好的饼取出,并将已经烙好一面的饼放入锅中,同时,将第 3 张饼翻烙,这样等 3 分钟过后,3 张饼就全部烙好了。

哲学家及诗人歌德说过,我们都拥有足够的时间,只要我们能好好地善加利用。假如萧伯纳没有为自己定下严格的规定,保持每天写出 5 页稿纸的文字,他可能永远只是个银行出纳员。他度过了 9 年心碎的日子,9 年总共才赚了 30 块钱稿费,但由于他一直把写作当成自己最重要的事情去做,并严格执行自己定下的计划,终于成了世界著名的作家。

看过《鲁滨逊漂流记》的读者都知道,就连漂流到荒岛上的鲁滨逊也不忘每天定下一个作息表。由此可见,我们无论做什么事情,事先都要有一个计划,这样才能保证你有时间完成自己最重要的事情。

为自己制定一个行程表,是合理规划时间的一个重要方法。只要尝试拟订行程表,原本凌乱不堪的各种预定计划,就会显得条理井然起来。

人们之所以忙得不可开交,追究其原因,是因为心中缺乏一个对时间的整体把握。人们总是习惯在工作即将截止之前，手忙脚乱，加班熬夜。这种做法，经常导致工作水平下降。相反，及早着手准备才是快速完成工作的保障。

先忧后乐是时间计划的一个基本原则。

我们可以拟定一个具体的周末假日行程表，以此为例来学习一下规划时间的方法。

首先，所谓周末假日究竟是从什么时候开始到什么时候结束呢？

一般的看法是从周六早上到周日晚间为止。不过如果想要利用周末假日，充分争取时间从事自我启发的话，这样做是不行的。

所谓周末假日是从周五晚间到周一早上为止的时间。如此解释，就有将近三天的假期可资运用，无妨将它当做一个整体时段来加以掌握。

倘若这种理念成立，周五的晚间就变得十分重要。譬如周五晚间痛饮迟归，连带地使得周六起床之际已过半日时分。

周六和周日，基本上还是应该早起。但过于严苛的话，恐有难以持续之虞，因此不妨稍微放松，比平日晚起一两个小时也没关系。尽可能和家人一起共用早餐。

其次，要将周六、周日的上午订为主要进修时间，不足的部分排入周六、日的晚间。若周日晚间不排计划只管就寝，周一早上提早起床也可以。总而言之，周末和假日行程的成败与否，要看周五晚间度过方法而定。

基本上，周末假日要将工作暂且抛之脑后，好好地调剂身心才是提高工作效率的良方。不过，有件事情非常重要，就是必须对下周开始的工作预做心理准备。这点将在之后造成巨大差异，而反映在工作上面。

如果等到下周早上再来订立下周的进修行程表，事实上已经太迟了。本周日晚间才是思考立下周行程表的绝佳时机。

除此之外，合理规划时间还应当注意以下两点：

1. **要善于有效分配时间**

千万不要平均分配时间。应该把你的有限的时间集中到处理最重要的事情上，不可以每项工作都去做，要机智而勇敢地拒绝不必要的事和次要的事。一件事情发生的开始你就要问："这件事情值不值得去做？"千万不能碰到什么事都做，更不可以因为"反正我没闲着，没有偷懒"，就心安理得。

2. **要学会处理两类时间**

对于每一个人来说，存在着两类时间：一类是属于自己控制的时间，称做"自由时间"；另一类是属于对他人他事的反应的时间，不能由自己支配，称做"应对时间"。

两类时间都客观存在，都是必要的。没有"自由时间"，便完全处于被动、应付状态，不能自己支配时间的人，不是一名有效的领导者。但是，要完全控制自己的时间在客观上也是不可能的。没有"应对时间"，只有"自由时间"，实际上也就侵犯了别人的时间，因为个人的完全自由必然会造成他人的不自由。

用好 20/80 法则

> 珍惜一切时间，用于有益之事，不搞无谓之举。
> ——富兰克林

1897 年，意大利经济学家帕累托偶然注意到英国人的财富和收益模式，于是潜心研究这一模式，并于后来提出了著名的 20/80 法则，即二八法则。

帕累托研究发现，社会上的大部分财富被少数人占有了，而且这一部分人口占总人口的比例与这些人所拥有的财富数量具有极不平衡的关系。帕累托还发现，这种不平衡的模式会重复出现，而且是可以提前预测的。

于是，帕累托从大量具体的事实中归纳出一个简单而让人不可思议的结论：

如果社会上 20% 的人占有社会 80% 的财富，那么可以推测，10% 的人占有了 65% 的财富，而 5% 的人则占有了社会 50% 的财富。

这样，我们可以得到一个让很多人不愿意看到的结论：一般情况下，我们付出的 80% 的努力，也就是绝大部分的努力，都没有创造收益和效果，或者是没有直接创造收益和效果。而我们 80% 的收获却仅仅来源于 20% 的努力，其他 80% 的付出只带来

20%的成果。

显然，20/80法则向我们揭示了这样一个道理，即投入与产出、努力与收获、原因与结果之间，普遍存在着不平衡关系。小部分的努力，可以获得大的收获。起关键作用的小部分，通常就能主宰整个组织的产出、盈亏和成败。

20/80法则告诉人们一个道理，就是要把自己的精力放在自己的主要目的上，这是提高一个人工作和生活效率的关键。20/80法则对工作的一个重要启示便是：避免将时间花在琐碎的多数问题上，因为就算你花了80%的时间，你也只能取得20%的成效。

你应该将时间花在少数的重要问题上,因为解决这些少数的重要问题,你只需花 20% 的时间,即可取得 80% 的成效。

理查德·科克在牛津大学读书时,学长告诉他千万不要上课,"要尽可能做得快,没有必要把一本书从头到尾全部读完,除非你是为了享受读书本身的乐趣。在你读书时,应该领悟这本书的精髓,这比读完整本书有价值得多。"这位学长想表达的意思实际上是:一本书 80% 的价值,已经在 20% 的页数中就已阐明了,所以只要看完整部书的 20% 就可以了。

理查德·科克很喜欢这种学习方法,而且以后一直沿用它。牛津并没有一个连续的评分系统,课程结束时的期末考试就确定一个学生在学校的成绩。他发现,分析过去的考试试题,把所学到知识的 20%,甚至更少的与课程有关的知识准备充分,就有把握回答好试卷中 80% 的题目。这就是为什么专精于一小部分内容的学生,可以给主考人留下深刻的印象,而那些什么都知道一点但没有一门精通的学生却不尽如考官之意。这项心得让理查德·科克并没有披星戴月终日辛苦地学习,但依然取得了很好的成绩。

理查德·科克到壳牌石油公司工作后,在条件艰苦的炼油厂内服务。他很快就意识到,像他这种既年轻又没有什么经验的人,最好的工作也许是咨询业。所以,他去了费城,并且比较轻松地获取了 Wharton 工商管理的硕士学位,随后加盟一家顶尖的美国咨询公司,他领到的薪水是在壳牌石油公司的 4 倍。

运用 20/80 法则,理查德·科克大大地提高了自己在学习和工作上的效率，20/80法则是一个管理时间的利器。当我们把20/80法则应用到时间管理上时，就会出现以下假设。

一个人大部分的重大成就——包括一个人在专业、知识、艺术、文化或体能上所表现出的大多数价值，都是在他自己的一小段时间里达成的。在创造出来的东西与花在创造活动上面的时间这两者之间，都有极大的不平衡，不论这时间是以天、星期、月、年或一生为单位度量的。

如果快乐能测度，则大部分的快乐都发生在很少的时间内，而这种现象在多数的情况里都会出现，不论这时间是以天、星期、月、年或一生为单位度量的。

用20/80法则来表述就是，80%的成就是在20%的时间内达到的；反过来说，剩余的80%时间，只创造了20%的价值。

一生中80%的快乐，发生在20%的时间里；也就是说，另外80%的时间，只有20%的快乐。

如果承认上述假设，也就是上述假设对你而言属实的话，那么我们将得到4个令人惊讶的结论。

结论一：我们所做的事情中，大部分是低价值的事情。

结论二：我们所有的时间里，有一小部分时间比其余的多数时间更有价值。

结论三：若我们想对此采取对策，我们就应该彻底行动。只是修修补补或只是小幅度改善，没有意义。

结论四：如果我们好好利用20%的时间，将会发现，这

20%是用之不竭的。

安德烈是一个十分珍惜时间的人,他从来不浪费一秒钟的时间,只要时间允许,他就一定在拼命工作。所有知道他的人都说:"看,安德烈真是太会珍惜时间了!"人们都知道,为了能成为一名出色建筑师,他拼命地想要抓住每一秒钟的时间。

每天,他把大量的时间用在设计和研究上,除此之外,他还负责很多方面的事务,每个人都知道他是个大忙人。他风尘仆仆地从一个地方赶到另一个地方,因为他太负责了,以至于不放心任何人,每一个工作都要自己亲自参与了才放心。时间长了,他自己也感觉很累。

其实,在他的时间里,有很大一部分时间都浪费在管理其他乱七八糟的事情上。无形中,他增加了自己的工作量。

有人问他:"为什么你的时间总是显得不够用呢?"他笑着说:"因为我要管的事情太多了!"

后来,一位学者见他整天忙得晕头转向,但仍然没有取得令人骄傲的成绩,便语重心长地对他说:"人大可不必那样忙!"

"人大可不必那样忙?"这句话给了他很大的启发,就在他听到这句话的一瞬间他醒悟了。他发现自己虽然整天都在忙,但所做的真正有价值的事实在是太少了!这样做对实现自己的目标不但没有帮助,反而限制了自己的发展。

从睡梦中惊醒的安德烈除去了那些偏离主方向的分力,把时间用在更有价值的事情上。很快,一部传世之作《建筑学四书》

问世了,该书至今仍被许多建筑师们奉为《圣经》。

他的成功只是因为一句话:"人大可不必那样忙!"

花一点时间去印证 20/80 法则,几分钟也好,几小时也行。找出在时间的分配与所得的成就(或快乐)两者之间,是否真的有一种不平衡现象。你最有生产力的 20% 的时间,是不是创造出了 80% 的价值?你 80% 的快乐,是不是来自生命中 20% 的时间?

我们对于时间的品质及其扮演的角色所知甚少。许多人用直觉即可明白这个道理,而忙碌的人并不知道学习管理时间,他们只是瞎忙,我们必须改一改我们对待时间的态度。

善于利用零碎时间

从不浪费时间的人,没有工夫抱怨时间不够。　　——杰弗逊

所谓零碎时间,是指不构成连续的时间或一个事务与另一事务衔接时的空余时间。这样的时间往往被人们毫不在乎地忽略过去。零碎时间虽短,但倘若一日、一月、一年地不断积累起来,其总和将是相当可观的。凡事在事业上有所成就的,几乎都是能有效地利用零碎时间的人。

本杰明·富兰克林曾说过:"世界上真不知有多少可以建功

立业的人，只因为把难得的时间轻轻放过而默默无闻。"

滴水成河，用"分"来计算时间的人，比用"时"来计算时间的人，时间多59倍。

美国近代诗人、小说家和出色的钢琴家艾里斯顿善于利用零散时间的方法和体会颇值得我们借鉴。他写道：

其时我大约只有14岁，年幼疏忽，对于爱德华先生那天告诉我的一个真理，未加注意，但后来回想起来真是至理名言。从那以后我就得到了不可限量的益处。

爱德华是我的钢琴教师。有一天，他给我教课的时候，忽然问我："每天要练习多少时间钢琴？"我说大约每天三四小时。

"每次练习，时间都很长吗？你是不是有个把钟头的时间？"

"我想这样才好。"

"不，不要这样！"他说，"你长大以后，

不会每天都有长时间的空闲的。你可以养成习惯,一有空闲就几分钟几分钟地练习。比如在你上学以前,或在午饭以后,或在工作的休息闲余,5分钟、5分钟地去练习,把小的练习时间分散在一天里面。如此则弹钢琴就成了你日常生活中的一部分了。"

当我在哥伦比亚大学教书的时候,我想兼从事创作。可是上课、看卷子、开会等事情把我白天、晚上的时间完全占满了。差不多有两个年头我不曾动笔写一字,我的借口是没有时间。后来才想起了爱德华先生告诉我的话。到了下一个星期,我就把他的话实践起来。只要有5分钟左右的空闲时间,我就坐下来写作100字或短短的几行。

出乎意料之外,在那个星期的终了,我竟积累了相当多的稿子可以修改。

后来我同样用积少成多的方法,创作长篇小说。我的教授工作虽一天繁重一天,但是每天仍有许多可资利用的短短余闲。我同时还练习钢琴,发现每天小小的间歇时间,足够我从事创作与弹琴两项工作。

零碎时间也可以为我们创造出很大的价值,世界上有很多有成就的人都十分重视利用零碎时间。著名的生物学家达尔文就是一个很好的例子。

一天,生病的达尔文坐在藤椅上晒太阳,面容憔悴,精神不振。一个年轻人路过达尔文的面前。当他知道面前这位衰弱的老人

就是写了著名的《物种起源》等作品的达尔文时,不禁惊异地问道:"达尔文先生,您身体这样衰弱,常常生病,怎么能做出那么多事情呢?"达尔文回答说:"我从来不认为半小时是微不足道的很小的一段时间。"

的确,达尔文非常珍惜时间,他曾在给苏珊·达尔文的信中说:"一个竟会白白浪费1小时的人,不懂得生命的价值。"

著名美国作家杰克·伦敦的房间,有一种独一无二的装饰品,那就是窗帘上、衣架上、柜橱上、床头上、镜子上、墙上到处贴满了各色各样的小纸条。杰克·伦敦非常偏爱这些纸条,几乎和它们形影不离。这些小纸条上面写满各种各样的文字:美妙的词汇,生动的比喻,五花八门的资料。

杰克·伦敦从来都不愿让时间白白地从他眼皮底下溜过去。睡觉前,他默念着贴在床头的小纸条;第二天早晨一觉醒来,他一边穿衣,一边读着墙上的小纸条;刮脸时,镜子上的小纸条为他提供了方便;在踱步、休息时,他可以到处找到启动创作灵感的语汇和资料。不仅在家里是这样,外出的时候,杰克·伦敦也不轻易放过闲暇的一分一秒。出门时,他早已把小纸条装在衣袋里,随时都可以掏出来看一看、想一想。

而爱因斯坦也是善于利用零散时间的典范。

爱因斯坦曾组织过享有盛名的"奥林比亚科学院",每晚例会,他总是愿意同与会者手捧茶杯,开怀畅饮,边喝茶,边谈话。爱因斯坦就是利用这种闲暇时间,交流自己的思想,把这些看似平常的时间利用起来。后来他的某些理想主张、他的各种科学创见,在很大程度上产生于这种饮茶之余的时间里。

爱因斯坦并没有因为这是闲暇时间而休息,而是在休闲时工作,在工作中休闲饮茶,这是很好的结合。现在,茶杯和茶壶已渐渐地成为英国剑桥大学的一项"独特设备",以纪念爱因斯坦的利用闲暇时间的创举。鼓励科学家利用剩余时间,创造更大的成就,在饮茶时沟通学术思想,交流科学成果。这种"闲不住"的人可以在闲暇时间里积极开创自己的"第二职业"。

零碎时间看起来十分短暂,但如果你善加利用,积少成多,时间长了也是一笔很好的财富。

有人算过这样一笔账:如果每天临睡前挤出15分钟看书,假如一个中等水平的读者读一本一般性的书,每分钟能读300字,15分钟就能读4500字,一个月是135000字,一年的阅读量可以达到1620000字。如果书籍的篇幅从60000字到100000字不等,平均起来大约75000字。每天读15分钟,一年就可以读20本书,这个数目是可观的,远远超过了世界人均年阅读量。然而这却并不难实现。

如果你觉得自己缺乏思考问题的空闲时间,不妨试着坚持每天睡前挤出十几分钟的时间,一旦形成了习惯,就很容易长期坚持。

下面举出几个利用零碎时间的方法供你学习:

1. 提高执行速度

动作的快慢决定着需耗用的时间长短。

看过这样一件事,说的是一个闲着无事的老大爷,为了给远方的孙女寄张明信片,可以花上1天的时间。老大爷买明信片时用了2个小时,找老花镜用了2个小时,找地址用了1个小时,写明信片用了2个小时,投寄明信片用了1个小时。

换一个动作迅捷的人,那么几分钟的时间他便能办好这位老大爷所做的事。

2. 利用"边角料"时间

时间在鲁迅先生的笔下是"海绵里的水,挤,便会有。"做事情只有快,却不懂得"挤"时间,也是不完美的。要利用好零碎时间,就要养成一种敢于挤、善于挤的精神。养成挤时间的良好习惯,对于学习是非常重要的。那么我们如何在快速的生活节奏和繁忙的工作中挤出时间呢?

我们要提高时间的利用率,就要学会化零为整,善于把时间的"边角余料"拼凑起来,加以利用。

3. 善于利用假日

按照中国的有关规定,每年节假日的休息时间为10~11天,再加上周末的时间,一年就会有130天左右的假期。如果把这段时间巧妙地加以利用,也会有一定的收获。

著名数学家科尔用3年内的全部星期天解开了"2的62次方减1是质数还是合数"的数学难题。

这3年的星期天多么有意义!其实,时间就在我们手中,就是要看怎样利用它。

第十章

创新——天才是自创法则的人

人类社会发展进步就是一部不断创新的历史。从近代科学技术日益迅猛发展的趋势中,越来越多的人开始感受和认识创新的重要和可贵。创新是21世纪的通行证。模仿永远也成不了真正的大师,在知识经济时代,各行各业的成功人士身上都闪烁着创新的光彩。创新不仅是企业生存和发展的必需,而且也是个人取得成功、实现自我价值的必由之路。

创新：21 世纪的通行证

> 如果你要成功，就应该朝新的道路前进，不要跟随被踩烂了的成功之路。
> ——约翰·D. 洛克菲勒

人类社会发展进步就是不断创新的历史。人类学会了驾驭马匹以代替步行，当他们觉得马车仍不够快时，他们就幻想着能够像鸟一样自由地飞，于是就有了汽车，有了飞机。人类就在不断创新中得到飞速的发展。

人们从科学技术日益迅猛发展进步中，越来越深切地感受和认识到创新的重要和可贵。有识之士提出了响亮的口号："创新是 21 世纪的通行证。"

事实证明，现今世界企业界的精英们都是创新的高手。在美国专门设有针对企业创新力的排行榜，以求观察出企业成功与创新力的关联程度。众多经典企业以其卓越的创新力而名扬世界。

美国的微软公司就是一个因创新而举世闻名的企业，它的产品改变了许多现代人的生活方式，而公司总裁比尔·盖茨本身就是一位勇于创新的大家，在他的手下，微软的成功秘诀被概括为两条：人才与创新，而人才的含义中，没有创新能力几乎是天方夜谭。

和微软一样，3M 公司也以产品创新而著称。它们允许工程师们花费15%的时间做他们自己选择的创新工作。3M公司的一位技术总监十分鼓励员工在工作中的自主创新，他认为在创新中错误难免，但只要员工的观念与做事方向大体上正确，就不用干预他们，否则只会抹杀整个公司的主动性、积极性与创造性。因此，在3M公司，虽然创新出一些无用产品，却并不会招致责骂失意。该公司在1996年推出了500种新产品。

　　1965年，英特尔集团的创办人之一摩尔预言，电脑微处理器芯片的记忆容量，每18个月将增加1倍，这条广为人知的"摩尔定律"成为企业上下信奉的目标。更为惊人的是，英特尔从此制定了定时出击政策，即主动创新，不仅每18个月推出新产品，还每9个月增加厂房设备。每次的创新总能为企业带来活力。

　　Genentech公司坚持研究者们可以花25%～35%的时间在他们自己的研究项目上，它在分子生物学和遗传学研究机构中排名第四。

　　麦当劳的营销策略及可口可乐公司的销售经验中，创新都是至关重要的一项。

　　我国的海尔电器、长虹集团、容声冰箱等，在重视创新上均有独到之处。

　　创新不仅是现代企业生存发展的必需，同时也是人们通往成功的一张通行证。在崇尚创新的21世纪，人人都要懂得创造的重

要性。当今社会,科学技术不断更新,人与人之间的竞争更加激烈,在个人奋斗和集体思想同样重要的社会里,创新更是取得成功、实现自我价值的必经之路。

有一位青年在美国某石油公司工作,他所做的工作连小孩都能胜任,就是巡视并确认石油罐盖有没有自动焊接好。石油罐在输送带上移动至旋转台上,焊接剂便自动滴下,沿着盖子回转一周,作业就算结束。

他每天如此,几百次地反复注视着这个过程,枯燥无味,厌烦极了。他想创业,可又无其他本事。他发现罐子旋转一次,焊接剂滴落39滴,焊接工作便结束了。他想,在这一连串的工作中,有没有什么可以改善的地方呢?一天,他突然想到:如果能将焊接剂减少一两滴,是不是能节省点成本?于是,他经过一番研究,终于研制出"37滴型焊接机"。

但是,利用这种机器焊接出来的石油罐,偶尔会漏油,并不理想。但他不灰心,又研制出"38滴型"焊接机。这次的发明非常完美,公司对他的评价很高。不久便生产出这种机器,改用新的焊接方式。虽然每次节省的只是一滴焊接剂,但"一滴"却给公司带来了每年5亿美元的新利润。

这位青年,就是后来掌握全美制油业95%股权的石油大王——约翰·D. 洛克菲勒。

人生的改变总是从有所创新开始的,"改良焊接机"改变了洛克菲勒的人生。他成功的关键在于,他特别注意普通人往往忽略的平凡小事。能见别人所未见,才能做别人所不能做的事。

和洛克菲勒一样,各行各业的成功人士身上都闪着创新的光彩。模仿永远成不了真正的大师。到了知识经济时代,创新更是社会进步与个人发展的动力,实践证明,无数佼佼者正是基于创新而成功。

从比尔·盖茨、洛克菲勒,到中国的成功商人如吴炳新、柳传志、段永平、李晓华、刘永好、卢俊雄、黄宏生等,敢为天下先,不断创新,无一不是他们的秉性。

打破常规,敢于标新立异

> 异想天开给生活增加了一分不平凡的色彩,这是每一个青年和善感的人所必需的。
> ——巴乌斯托夫斯基

艺术大师毕加索曾说过:"创造之前必须先破坏。"

破坏什么?破坏传统观念和传统规则!

创新作为一种最灵动的精神活动,最忌讳的就是呆板和教条,任何形式的清规戒律,都会束缚其手脚,使其无法大展所长。只有敢于打破常规,标新立异的人,才能真正有所作为,才能敞开胸怀拥抱成功。

天才大都是能够自创法则的人。随着时代的发展,尤其是网络的普及,在如今瞬息万变的现代社会中,传统和经验的意义已经远远没有过去那么重要了,时代更加突出了创新的意义,创新重于经验!

对于年轻人来说,更是如此。年轻人要想成功,就必须敢于标新立异,推陈出新。在这里,美国商界奇才尤伯罗斯为我们做出了一个很好的榜样。

1984年以前的奥运会主办国,几乎是"指定"的。对举办国而言,往往是喜忧参半。能举办奥运会,自然是国家民族的荣誉,还可以以此宣传本国形象,但是以新场馆建设为主的大规模硬件软件投入,又将使政府承受巨大的财政负担。1976年加拿大主办蒙特利尔奥运会,亏损10亿美元,当时预计这一巨额债务到2003年才能还清;1980年,前苏联莫斯科奥运会总支出达90亿美元,具体债务更是一个天文数字。奥运会几乎变成了为"国家民族利益"而举办,为"政治需要"而举办,赔老本已成奥运定律。最好的自我安慰就是:有得必有失!直到1984年洛杉矶奥运会,美国商界奇才尤伯罗斯接手主办奥运,运用他超人的创新思维,改写了奥运经济的历史,不仅首度创下了奥运史上第一次巨额盈利纪录,更重要的是建立了一套"奥运经济学"模式,为以后的主办城市如何运作提供了样板。

鉴于其他国家举办奥运的亏损情况,洛杉矶市政府在得到主办权后即做出一项史无前例的决议:第23届奥运会不动用任何公用基金。因此而开创了民办奥运会的先河。

尤伯罗斯接手奥运之后,发现组委会竟连一家皮包公司都不如,没有秘书、没有电话、没有办公室,甚至连一个账号都没有。一切都得从零开始,尤伯罗斯决定破釜沉舟。他以1060万美元的价格将自己的旅游公司股份卖掉,开始招募雇佣人员,把奥运会商业化,进行市场运作。

第一步,开源节流。

尤伯罗斯认为,自1932年洛杉矶奥运会以来,规模大、虚浮、奢华和浪费成为时尚。他决定想尽一切办法节省不必要的开支。首先,他本人以身作则不领薪水,在这种精神感召下,有数万名工作人员甘当义工;其次,延用洛杉矶现成的体育场;最后,把当地的3所大学宿舍做奥运村。仅后两项措施就节约了数以10亿计的美金。

第二步,举行声势浩大的"圣火传递"活动。

奥运圣火在希腊点燃后,在美国举行横贯美国本土的1.5万千米圣火接力跑。用捐款的办法,谁出钱谁就可以举着火炬跑上一程。全程圣火传递权以每千米3000美元出售,1.5万千米共

售得 4500 万美元。尤伯罗斯实际上是在卖百年奥运的历史、荣誉等巨大的无形资产。

第三步，别具一格的融资、盈利模式。

尤伯罗斯创造了别具一格的融资和盈利模式，让奥运会为主办方带来了滚滚财源。尤伯罗斯出人意料地提出，赞助金额不得低于 500 万美元，而且不许在场地内包括其空中做商业广告。这些苛刻的条件反而刺激了赞助商的热情。一家公司急于加入赞助，甚至还没弄清所赞助的室内赛车比赛程序如何，就匆匆签字。尤伯罗斯最终从 150 家赞助商中选定 30 家。此举共筹到 1.7 亿美元。

最大的收益来自独家电视转播权转让。尤伯罗斯采取美国三大电视网竞投的方式，结果，美国广播公司以 2.5 亿美元夺得电视转播权。尤伯罗斯又首次打破奥运会广播电台免费转播比赛的惯例，以 7000 万美元把广播转播权卖给美国、欧洲及澳大利亚的广播公司。门票收入，通过强大的广告宣传和新闻炒作，也取得了历史最高水平。

第四步，出售与本届奥运会相关的吉祥物和纪念品。

尤伯罗斯联合一些商家，发行了一些以本届奥运会吉祥物山姆鹰为主要标志的纪念品。

通过这 4 步卓有成效的市场运作，在短短的十几天内，第 23 届奥运会总支出 5.1 亿美元，盈利 2.5 亿美元，是原计划的 10 倍。尤伯罗斯本人也得到 47.5 万美元的红利。在闭幕式上，国际奥委会主席萨马兰奇向尤伯罗斯颁发了一枚特别的金牌，报界称此为

"本届奥运最大的一枚金牌"。

尤伯罗斯的故事告诉我们,创新具有强大的力量,它可以变废为宝,化腐朽为神奇。青少年是最具有创新精神的群体,是保守思想最少的群体,是最勇于开拓进取的群体,是最勇于打破常规的群体,是创新思维最为活跃、精力最充沛、最好动脑筋、创造欲最旺盛的群体。

李大钊曾说:"青年之字典,无'困难'之字;青年之口头,无'障碍'之语。"青少年,一言以蔽之——"敢为天下先"!所以,这是一个属于青少年的时代,而要占领这个时代的首要条件,就是要敢于标新立异,用创新去打破所有关于迷信的经验、传统、权威和规则!

对于青少年而言,因为大多数人还处在学习阶段,所以,很多人还没有形成真正的创造性思维,还停留在迷信书本、迷信老师、迷信权威、迷信传统、迷信规则的思考方式上,往往是老师讲什么,就被动地听什么、记什么,或者在解决问题时只会运用一般的、通常的方法来分析思考。这无疑是最严重的思想禁锢,不但不利于我们的创新能力的培养,更无法形成我们敢于质疑老师、质疑书本、质疑规则的创新意识,会很容易使人形成盲从和跟随,缺乏独立思考的意识。

我们必须清楚,当面对学习和生活中一些比较简单的问题时,传统与规则确实能起到提高工作效率的作用,但是,在一些较为复杂的问题上,传统与规则不但不能使问题得到圆满地解决,而且还很容易让我们自设陷阱、自设障碍，从而误入死胡同，迷迷糊糊转不过弯来，以致常常做出一些糊涂事来。

而真正智慧的人则完全不会被传统与规则束缚住手脚，他一方面会用惯性的思维方式去处理一些简单的小问题，另一方面还能随时、主动地突破传统、挑战规则，为创新思维创造一个可以自由伸展的空间。

英国诗人布莱克说："独辟蹊径才能创造出伟大的业绩，在街道上挤来挤去不会有所作为。"这句话对于每个有志于培养创新能力的青少年来说，当属金玉良言。

当传统与规则已经不再适应变化了的新情况时，你就应该学会解放思想，不拘泥于常识及常规，善于变化，另辟蹊径。只有这样，你才可能化缺点为优点，化弊端为有利，化腐朽为神奇，在似乎绝望的困境中寻找到希望，创造出新的生机，取得出人意料的成功。

展开想象的翅膀

一切创造性劳动都是从创造性的想象开始的。　　——爱因斯坦

想象力是创造的源头。事实证明，许多新发明或者新创新就是在原有事物的基础上经过联想裁减、增加、改造而成。可以说，

没有了想象力,人类就不会有创造。

对于青少年而言,好奇心是求知的原动力,探索欲是成长的催化剂,而想象力就是创新的翅膀,是创造力中最宝贵的品质,是不可缺少的创新智慧。衡量创新思维能力高低的一个重要标准,就是想象能力!

想象是创新的基础,想象是创新的源泉,想象是创新的翅膀。可以说,没有想象,就没有创新,创新的每一个环节都离不开想象力的作用。

想象让我们变得更加聪明,世界也因而变得更加丰富多彩。

因为有想象,鲁班师傅发明了锯,从而奠定了他在建筑界的崇高地位;

因为有想象,爱迪生创造了电灯,使我们的生活由黑暗变为光明;

因为有想象,福尔顿发明了汽船,使我们可以自由航行在大洋之中;

因为有想象,马可尼发明了无线电,让我们远隔千里仍可通信；

因为有想象，莱特兄弟发明了飞机，让我们可以周游世界；

因为有想象，瓦特发明了强大的蒸汽机，使我们脱离了马车的颠簸；

因为有想象，拉斐尔才能画出美妙的图画，迷眩了我们的眼睛，攫获了我们的心灵；

因为有想象，才诞生了《西游记》《封神演义》《聊斋志异》等古今中外许多杰出的文学作品；

因为有想象，才有了李白"白发三千丈，缘愁似个长"的千古绝唱；

因为有想象，郭沫若才会把夏夜的繁星满天看做是《天上的街市》；

因为有想象，《白雪公主》《海的女儿》《拇指姑娘》等家喻户晓的优美童话才会诞生在安徒生的手中。

想象力是智力活动富于创造性的重要条件。作家的人物构思、艺术家的勾画创作、工程师的蓝图设计、科学家的发明创造、实践家的技术革新，都离不开想象这一心理过程，也正是想象力激励着他们获得成功的。

"免扣带"是怎么发明的？

大家都知道在衣服、鞋子上有一种一扯即开的"免扣带"，它以方便省时而大受现代人的欢迎。说到它的发明就要讲到一个叫马斯楚的瑞典人的故事。

马斯楚就是"免扣带"的发明人,这个发明纯属偶然。

1948年的一天,他和朋友兴致勃勃地去登山。登上顶峰后,他们随便坐在草地上吃午餐。这时,马斯楚突然觉得臀部又痛又痒。他知道这又是鬼针草的"恶作剧",于是坐不住了,不耐烦地把鬼针草一根一根地从裤子上摘下来,但摘不胜摘。回家后,他把残留在裤子上的鬼针草取下来,想弄清楚它为什么"粘"人,结果发现鬼针草的结构十分特殊,粘在裤子上拍不下来。马斯楚顿生一想:"如果模仿它的结构,做一种纽扣或别针,那该多好!"

一念之间,一项新发明创造诞生了。马斯楚先生制成了一种合上就不易分开的布,即在一块布上织成许多钩子,在另一块布上织成很多圆球,两者合起来,产生拉链的效果。他将其命名为"免扣带",申请了专利,然后与一家织布公司合作生产。由于"免扣带"的使用范围很广,马斯楚足足赚了3亿多美元。

在文学艺术创作中,想象力的应用更为广泛。许多名著都是在作者丰富的想象力下完成的。

法国著名作家大仲马一次偶然在警察局的档案中看到一份资料,记录的是:皮科——一个鞋匠同一个富有的孤女结了婚。皮科后来被人诬告入狱。在狱中,他忠心耿耿地服侍一个因政治问题而被捕的意大利主教。主教临死前向皮科讲了一个埋藏珍宝的秘密地方。7年后,皮科找到珍宝重返巴黎,终于将诬告他的仇人一一杀死。大仲马就是根据这一件事,经过神奇的扩充想象,写成了一部波澜起伏、扣人心弦的著名小说——《基度山伯爵》。

毫不夸张地说，没有想象，尤其是没有扩充想象，也就没有文学创作。

关于想象的作用，爱因斯坦说："严格地说，想象力是科学研究中的实在因素。"换句话说，想象对于科学研究的重要性相当于它对文学艺术的价值。

想象，从实质来看，来源于现存事物但又高于现实，它是新生的事物与印象，是一种"新"的产生。因此，创新能力从一个侧面说，就是想象力。想象力强的人，其创新能力一般而言比较丰富，想象是创新的生命之源。

想象力和其他能力一样，都有待于后天的开发和培养，如果平时不重视想象力的培养，想象力就会逐渐枯竭。

美国著名的教育家何利思·曼恩有一次参观纽约市的一所公立高中时，走进一间高三的教室，拿起粉笔，在黑板上书一个实心的小圆。他问学生："这是什么？"90％以上的学生都说那是一个点，其他的学生则说是一个句号。

曼思在小学三年级学生的教室里又重复一次这个实验。结果出现了27种不同的答案，从"我爸爸的秃头"到"上帝的眼睛"都有。

小学三年级和高三学生的答案为什么出现这么大的差异？答案就是，右脑充分发展所致。1981年罗杰·史派瑞因为发现人的大脑分为左右两半球，各有不同功能，而获得诺贝尔奖。我们的左脑职司逻辑、线性及分析性思考；而右脑则控制想象力、创造力及冲动性思考。左右两半球虽然各司其职，但运作却相辅相成。例如，当我们想到某人时，右脑的运作使我们想到他的脸，左脑则使我们联想到他的名字。

遗憾的是，我们在学校所受的教育，鼓励的是左脑的活动（例如记诵一些已发生的事实，然后来填写试卷），较少鼓励右脑的活动（创意思想等）。结果是，我们左脑的发展胜过右脑的发展。

想象力需要经过后天不断地开发和培养，才能成为一种创新品质。那么，我们如何在日常的生活和学习中培养自己的想象力呢？

首先，为了有效地锻炼自己的想象力，可以经常想象自己所不了解的一些事物的细节。比如在只知道一个故事的梗概时，不妨尽可能地多去揣想一些它的具体细节，尽力把它"填充"为一个有血有肉、完整、生动的故事。

其次，多参加一些需要发挥想象力的竞赛与游戏活动。对于青少年朋友来说，经常参加"中学生智力运动会"一类的竞赛与游戏，对培养与训练想象能力就很有好处。另外，经常看看电影、电视，以及欣赏包括漫画在内的各种文艺作品，也可以使想象力得到有效的训练。

再次，聪明伶俐、想象力强的小孩都能把一件看似平常的事物加以扩展，经常和这样的小孩接触，也会培养自己的想象力。儿童的想法不受任何社会观念的影响和束缚，一般都富有创造性。而随着年龄的增长，在生活中逐步学会各种各样的"规则"以后，

如果不是有意识地培养想象力，这种天性便很容易在长大的过程中越来越弱。正如著名的法国画家毕加索所说："每个儿童都是艺术家，关键是他长大后如何才能仍然是一个艺术家。"当你感到自己的想象力不强时，不妨多同聪明伶俐、善于想象的小孩接触，也许会使你受益匪浅。

勇于创新，不要畏惧失败

> 如果斗争只是在有极顺利的成功条件下进行的，那么创造世界历史就未免太容易了。
> ——马克思

创新意味着机会，同时也意味着风险。青少年要养成创新的品质，就不要畏惧失败。

第二次世界大战期间，纳粹德国给世界人民带来巨大的灾难。但在战争期间，那些军事将领们也给战争史留下许多创造性的战例。

1942年2月12日中午，英国海军和空军重兵布防的英吉利海峡上空，一架英国战斗机在例行巡逻。突然，飞行员发现有一队德国舰队大摇大摆地从远处开了过来，他立即将这一发现向司令部报告。英国司令部的军官们大惑不解：德国舰队怎么可能在大白天从英吉利海峡通过，是不是飞行员搞错了？英国人忙于思考和争论，却没顾及时间正一分分溜走。过了近1个小时，又一架英军侦察机发现德舰已经闯入海峡最窄也是最危险的地段了，并且正在全速行驶时，英军指挥官们才意识到敌情的严重性，等他们判定真相，调集部队，下令进攻时，德国舰队已经远离了最危险的地段，受到致命打击的可能已经丧失。整个下午，英军虽然不断出动飞机、驱逐舰对德国舰队进行拦截，但由于仓促上阵，反而被严阵以待的德军给予了沉重打击。就这样，德国人在英国人的眼皮底下，将驻泊在法国布雷斯特港内的舰队顺利地移至挪威海面，增强了那里的战斗力。

原来，这一切都是德军为完成这次战略转移精心策划的大胆行动。因为从法国到挪威有两条路线可走，一条是向西绕过英伦诸岛北上，这条航线路途遥远，费时费力，如果遭遇兵力占绝对优势的英国军队，后果将不堪设想；另一条航线则是直穿英吉利海峡，但此处有英国海、空军的重兵布防，同样是危机重重。

最后，德军指挥官经过反复权衡后，决定在英国根本没有想到的情况下，出其不意地闯过英吉利海峡，在夜间出发，白天通过英吉利海峡最危险的多佛和加莱之间的地段。

这一大胆冒险的行动果然成功，庞大的德国舰队在飞机的掩护下，在英国人认为绝不能的时候出现，在英军来不及判断和阻挠的情况下，明目张胆地闯过英吉利海峡，给英国人上了一堂生动的战争教学课。

这场战役带给我们一个启示：创新与风险并存，如果你要创新，就不能畏惧失败。

威尔士是美国东北部哈特福德城的一位牙科医生，是西方世界医学领域对人体进行麻醉手术的最早试验者。在威尔士以前，西方医学界还没有找到麻醉人体之法，外科手术都是在极痛苦的情况下进行的。

后来，英国化学家戴维发现笑气，1844年，美国化学家考尔考察了笑气对人体的作用，带着笑气到各地作旅行演讲，并做笑气"催眠"的示范表演。这天他来到美国东北部哈特福特城进行表演，不想在表演中发生了意外。那是在表演者吸入笑气之后，由于开始的兴奋作用，病人突然从半昏睡中一跃而起，神志错乱地大叫大闹着，从围栏上跳出去追逐观众。在追逐中，由于他神志错乱，动作混乱，大腿根部一下子被围栏划破了个大口子，鲜血涌泉般地流淌不止，在他走过的地上留下一道殷红的血印。围

观的观众早被表演者的神经错乱所惊呆,这时又见表演者不顾伤痛向他们追来,更是惊吓不已,都惊叫着向四周奔去,表演就这样匆匆收了场。

这场表演虽结束了,但表演者在追逐观众时腿部受伤而丝毫没有疼痛的情状,却给牙科医生威尔士留下了非常深刻的印象。于是他立即开始对氧化亚氮麻醉作用进行实验研究。

1845年1月,威尔士在实验成功之后,来到波士顿一家医院公开进行无痛拔牙表演。表演开始,威尔士先让病人吸入氧化亚氮,使病人进入昏迷状态,随后便做起了拔牙手术。但不巧,由于病人吸入氧化亚氮气体不足,麻醉程度不够,威尔士的钳子夹住病人的牙齿刚刚往外一拔,便疼得那位病人"啊呀"一声大叫起来。众人见之先是一惊,随之都对威尔士投去轻蔑的眼光,指责他是个骗子,把他赶出了医院。

威尔士表演失败了,他的精神也崩溃了。他转而认为手术疼痛是"神的意志",于是他放弃了对麻醉药物的研究。

可是他的助手摩顿与其不同,他鼓足勇气开始了自己的探索。1846年10月,他当众在威尔士表演失败的波士顿医院再做麻醉手术实验。结果,他获得了成功。

由此可见,在创新的道路上,往往有失败和风险同行。成功属于能够不畏艰险,善于从失败中汲取经验并坚持到底的人。

失败往往是成功之母,只要态度正确、运用得当,失败常常孕育出成功的创新。丰田汽车在美国制造的奇迹就是一个显而易见的事实。

20世纪60年代，丰田人初次进军美国市场，即遭惨败。开到美国高速公路上的皇冠车，由于功率不足，根本就跑不起来，其他性能更是没法说。在美国的先行者写信回日本，建议放弃整个计划。但是总部坚持经历就是财富，认为哪怕卖出一辆也是胜利，更重要的是，通过一次次的失败，创新成功的概率就会越来越大。

事实表明，这种面对失败而搞的创新是成功的，因为它有极充分的准备。丰田人看准了美国三大汽车公司的空当：都不愿生产小型汽年，并且质量和服务也不是很好。丰田人加紧创新，生产出消除丰田车各项缺陷、满足美国人需求的新型车，那就是后来风行美国的丰田花冠，并且丰田人以优良的质量和售后服务，迅速弥补了美国汽车界这方面的空白。

自此以后，以丰田车为代表的日本车开始在美国站稳脚跟。

丰田人的创新正是从失败的教训中得来的。一位哲人曾经说过，世界上令人深刻记忆的东西，不是成功，常常是失败。因为失败是惨痛的，唯其如此，从血泪中得来的教训经验更是弥足珍贵，这也是为后来的创新大做准备。

创新求变意味着一定的风险，而对不可知的未来，人们承受压力的程度也大不相同。有的人对失败有一种天生的恐惧心理，或者怕丢面子，或者怕失去既定的利益，归根到底，是不能正确认识失败。

第十一章
勇敢——战胜自己,才能战胜别人

成功者与失败者之间的分水岭,并不在于天地之间的差距,而在于一点小小的勇气。如果一个人内心充满勇气,那么没有什么东西可以阻碍他走向成功。有岛武郎说过,勇敢的人面前才有路。青少年在成长的过程中要勇于尝试,敢于挑战自己,勇敢地面对生活中的变化,只有积极勇敢地去拥抱和适应生活中的变化,才能够在变化中成长。

推开虚掩的成功之门

勇敢的人面前才有路。　　　　　　　　——有岛武郎

犹太谚语说："要打开成功之门,必须勇敢地推或者拉。"成功就好比是一扇虚掩着的门,只要我们鼓起勇气,勇敢去尝试,就一定能够获得意外的收获。

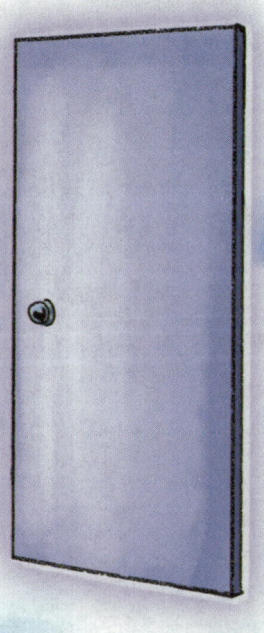

在古代波斯(今伊朗)有位国王,想挑选一名官员担当一种重要的职务。他把那些智勇双全的官员全都召集了来,试试他们之中究竟谁能胜任那个职务。官员们被国王领到一座大门前,面对这座国内最大、来人中谁也没有见过的大门,国王说:"爱卿们,你们都是既聪明又有力气的人。现在,

你们已经看到,这是我国最大最重的大门,可是一直没有打开过。你们之中谁能打开这座大门,帮我解决这个久久没能解决的难题?"不少官员远远张望了一下大门,就连连摇头。有几位走近大门看了看,退了回去,没敢去试着开门。另一些官员也都纷纷表示,没有办法开门。这时,有一名官员却走到大门下,先仔细观察了一番,又用手四处探摸,用各种方法试探开门。几经试探之后,他抓起一根沉重的铁链,没怎么用力拉,大门竟然开了!

原来,这座看似非常坚牢的大门,并没有真正关上,任何人只要仔细察看,并有胆量试一试,比如拉一下看似沉重的铁链,甚至不用多大力气推一下大门,都可以打得开。如果连摸也不摸,连看也不看,自然会对这座貌似坚固无比的庞然大物感到束手无策了。

国王对打开了大门的大臣说:"朝廷最重要的职务,就请你担任吧!因为你没有限于你所见到的和听到的,在别人感到无能为力时你却会想到仔细观察,并有勇气冒险试一试。"他又对众官员说:"其实,对于任何貌似难以解决的问题,都需要开动脑筋仔细观察,并大胆冒一下险,大胆地试一试。"

那些没有勇气试一试的官员们,一个个都低下了头。

也许,生活当中并不缺少成功的机会,只是我们像故事中的大臣们一样,陷进了固定思维的囹圄之中,不能自拔。思维的框定让人容易产生怯懦的心理,终究无法激发勇气,最终流于平庸。成功者与失败者之间的分水岭,有时并不在于他们之间天地之间

的差距，而在于一点小小的勇气。当我们超越众人禁锢得有些麻木的思想，勇敢地迈出那一步时，我们会惊喜地发现，原来成功的门对我们从不上锁。

英国皇家学会要为大名鼎鼎的琼斯教授选拔科研助手，这个消息让年轻的装订工人法拉第激动不已，赶忙到规定地点去报了名。但临近选拔考试的前一天，法拉第却被意外地告知，取消了他的考试资格，因为他是一个普通工人。

法拉第愣了，他气愤地赶到选拔委员会去理论，但委员们傲慢地嘲笑说："没有办法，一个普通的装订工人想到皇家学院来，除非你能得到琼斯教授的同意！"法拉第犹豫了。如果不能见到琼斯教授，自己就没有机会参加选拔考试。但一个普通的书籍装订工人要想拜见大名鼎鼎的皇家学院教授，他会理睬吗？

法拉第顾虑重重，但为了自己的人生梦想，他还是鼓足了勇气站到了琼斯教授家的大门口。教授家的门紧闭着，法拉第在门前徘徊了很久。

终于，教授家的大门，被一颗胆怯的心叩响了。

院里没有声响，当法拉第准备第二次叩门的时候，门却"吱呀"一声开了。一位面色红润、须发皆白、精神矍铄的老者正注视着法拉第，"门没有锁，请你进来。"老者微笑着对法拉第说。

"教授家的大门整天都不锁吗？"法拉第疑惑地问。

"干吗要锁上呢？"老者笑着说，"当你把别人关在门外的时候，也就把自己关在了屋里。我才不当这样的傻瓜呢！"这位老者就是琼斯教授。他将法拉第带到屋里坐下,聆听了这个年轻人的叙说后,写了一张纸条递给法拉第:"年轻人,你带着这张纸条去,告诉委员会的那帮人说我已经同意了。"

经过严格而激烈的选拔考试,书籍装订工法拉第出人意料地成了琼斯教授的科研助手,走进了英国皇家学院那高贵而华美的大门。

恐惧是每个人在自己的成长过程中都会遇到的现象,它常常会限制一个人的自主性,减少生活的欢乐,妨碍个人的成长。因此,一个心理健全的青年应当摆脱恐惧的枷锁,以年轻人应有的血气和胆量去面对任何艰难危险,努力做好自己想要做的事。

1968年,在墨西哥奥运会的百米赛场上,美国选手海恩斯撞线后,激动地看着运动场上的计时牌。当指示器打出9.9秒的字样时,他摊开双手,自言自语地说了一句话。

后来,有一位叫戴维的记者在回放当年的赛场实况时再次看到海恩斯撞线的镜头,这是人类历史上第一次在百米赛道上突破10秒大关。看到自己破记录的那一瞬,海恩斯一定说了一句不同凡响的话,但这一新闻点,竟被现场的400多名记者疏忽了。

因此,戴维决定采访海恩斯,问问他当时到底说了一句什么话。

戴维很快找到海恩斯,问起当年的情景,海恩斯竟然毫无印象,甚至否认当时说过什么话。

戴维说:"你确实说了,有录像带为证。"

海恩斯看完戴维带去的录像带,笑了。他说:"难道你没听见吗？我说：'上帝啊，那扇门原来是虚掩的。'"

谜底揭开后，戴维对海恩斯进行了深入采访。

自从欧文斯创造了 10.3 秒的成绩后，曾有一位医学家断言，人类的肌肉纤维所承载的运动极限，不会超过每秒 10 米。

海恩斯说："30 年来，这一说法在田径场上非常流行，我也以为这是真理。但是，我想，自己至少应该跑出 10.1 秒的成绩。每天，我以最快的速度跑 5 千米，我知道百米冠军不是在百米赛道上练出来的。当我在墨西哥奥运会上看到自己 9.9 秒的记录后，惊呆了。原来，10 秒这个门不是紧锁的，而是虚掩的，就像终点那根横着的绳子一样。"

后来，戴维撰写了一篇报道，填补了墨西哥奥运会留下的一个空白。不过，人们认为它的意义不限于此，海恩斯的那句话，为我们留下的启迪更为重要。

如果一个人内心充满勇气，那么没有什么东西可以阻碍他走向成功。像法拉第一样，像海恩斯一样，勇敢地打破内心的限制，积极地去尝试，你就能够战胜恐惧走向成功。

勇于冒险，没有尝试就没有成功

要冒一次险！整个生命就是一场冒险。走得最远的人，是常愿意去做，并愿意去冒险的人。
——卡耐基

成功意味着冲破平庸，而其中的一条捷径就是敢于冒险。石油大王哈默说过："不会冒险的人永远也不会取得成功。"惧怕失败，不冒风险，平平稳稳地过一辈子，虽然可靠，虽然平静，但只是一个悲哀而无聊的人生，一个懦夫的人生，其中最令人痛惜的就是葬送了自己的潜能。因此，与其平庸地过一生，不如勇敢去冒险和闯荡，做一个敢于冒险的英雄。

有两位少年去求助一位老人，他们问着相同的问题："我有许多的梦想和抱负，但总是笨手笨脚，无从下手，不知道如何才能实现自己的目标。"老人给他们一人一颗种子，细心地交代："这是一颗神奇的种子，谁能够妥善地保存它的价值，谁就能够实现他的理想。"

几年后，老人碰到了这两位少年，顺便问起种子的情况。

第一位少年谨慎地拿着锦盒，缓缓地掀开里头的棉布，对着老人说："我把种子收藏在锦盒里，时时刻刻都将它妥善地保存着。为了这颗种子能够完整地保存，我为它专门建

了一个恒温室。我相信它现在仍完好如初,其价值没有任何折损。"老人听后,失望地点了点头。接着第二位少年,汗流浃背地指着旁边的一座山丘道:"您看,我把这颗神奇种子,埋在土里灌溉施肥,现在整座山丘都长满了果树,每一棵果树都结满了果实,原来的一颗种子现在变为了千万颗。这就是我实现这颗神奇种子价值的方法。"

老人关切地说:"孩子们,我给的并不是什么神奇的种子,不过是一般的种子而已。如果只是守着它,永远不会有结果;只有用汗水灌溉,才能有丰硕的成果。让种子生根发芽,虽然会冒风霜雨雪侵蚀的风险,但正由于经历了这些锤炼,生命才焕发出神奇的力量,种子的价值才真正得到了实现和延续。"

不敢冒险去做,其实是冒了更多的险。有些人很聪明,对不测因素和风险看得太清楚了,不敢冒一点险,结果聪明反被聪明误,所以只能过一种平庸的生活。

勇于尝试可以让你发现机会,化危机为转机。有些在平时看似"不可能"的事情,在你的尝试中也可能变成现实。正如一位成功人士所说的那样,尝试可以创造奇迹。

一次,一艘远洋海轮不幸触礁,沉没在汪洋大海里,幸存下来的9位船员拼死登上一座孤岛,才得以幸存下来。

但接下来的情形更加糟糕,岛上除了石头,还是石头,没有任何可以用来充饥的东西,更为要命的是,在烈日的暴晒下,每个人口渴得冒烟,水成为最珍贵的东西。

尽管四周是水——海水,可谁都知道,海水又苦又涩又咸,根本不能用来解渴。现在9个人唯一的生存希望是老天爷下雨或别的过往船只发现他们。

等啊等,没有任何下雨的迹象,天际除了海水还是一望无边的海水,没有任何船只经过这个死一般寂静的岛。渐渐地,有8个船员支撑不下去了,他们纷纷渴死在孤岛。

当最后一位船员快要渴死的时候,他实在忍受不住地扑进海水里,"咕嘟咕嘟"地喝了一肚子。船员喝完海水,一点儿觉不出海水的苦涩味,相反觉得这海水又甘又甜,非常解渴。他想:也许这是死前的幻觉。便静静地躺在岛上,等着死神的降临。

他睡了一觉,醒来后发现自己还活着,船员非常奇怪,于是他每天靠喝这里的海水度日,终于等来了救援的船只。

人们化验这水发现,由于有地下泉水的不断翻涌,所以这区域的海水实际上全是可口的泉水。

冒险与收获常常是结伴而行。险中有夷,危中有利,要想有卓越的人生,就要敢冒险。

石油大王哈默的成功就告诉我们这样一个道理:幸运喜欢光顾勇敢的人,巨大的风险往往能够带来巨大的成功。

1956年,58岁的哈默购买了西方石油公司,开始大做石油生意。石油是能赚大钱的行业,也正因为最能赚钱,所以竞争尤为激烈。初涉石油领域的哈默要想建立起自己的石油王国,无疑面临着极大的竞争风险。首先碰到的是油源问题。1960年石油产量

211

占美国总产量30%的得克萨斯州已被几家大石油公司垄断,哈默无法插手;沙特阿拉伯是美国埃克森石油公司的天下,哈默难以染指;如何解决油源问题呢？1960年,当花掉1000万美元的勘探基金而毫无结果时,哈默再一次冒险接受了一位青年地质学家的建议。旧金山以东一片被德士古石油公司放弃的地区,可能蕴藏着丰富的天然气,并建议哈默的西方石油公司把它租下来。哈默又千方百计地从各方面筹集了一大笔钱,投入了这一冒险的工程。当钻到284米深时,终于钻出了加利福尼亚的第二大天然气田,估计价值在2亿美元以上。

哈默成功的事实告诉我们敢想敢做敢于尝试,才能取得成功。

与其不尝试而失败,不如尝试了再失败,不战而败是一种极端怯懦的行为。如果想成为一个成功者,就必须具备坚强的毅力,以及勇气和胆略。当然,敢冒风险并非铤而走险,敢冒风险的勇气和胆略是建立在对客观现实的科学分析基础之上的。顺应客观规律,加上主观努力,力争从风险中获得利益,这是成功者必备的心理素质。

敢于冒险是一个人取得成功的重要条件,对于一个前途充满了无限可能性的年轻人来说更是如此。

挑战生命中的"不可能"

只有在愚蠢人的字典里才有"不可能"这个词。

——拿破仑·波拿巴

史密斯夫人是英国一座乡村中学的文学教师,她性情活泼、和蔼可亲,深受学生爱戴。

有一天,她为学生们带来了别开生面的一节课。她让学生们在纸上写出自己不能做到的事。所有的学生都全神贯注地埋头在纸上写着。一个10岁的女孩,她在纸上写道:"我无法完整地背出太长的课文""我不会骑脚踏车""我不知道怎样才能让别人喜欢我"等。她已经写完了半张纸,但她却丝毫没有停下来的意思,仍然在认真地继续写着。

每个学生都很认真地在纸上写下了一些句子,述说着他们做不到的事情。

史密斯夫人也正忙着在纸上写着她不能做到的事情,像"我不知道如何才能让孩子的家长都来""我不知道怎样帮助玛丽提高她对数学的兴趣"等。

大约过了10分钟,大部分学生已经写满了一整张纸,有的已经开始写第二张了。

"同学们，写完一张纸就行了，不要再写了。"这时，史密斯夫人用她那习惯的语调宣布了这项活动的结束。学生们按照她的指示，把写满了他们认为自己做不到的事情的纸对折好，然后按顺序依次来到老师的讲台前，把纸投进一个空的鞋盒里。

等所有学生的纸都投完以后，史密斯夫人把自己的纸也投了进去。然后，她把盒子盖上，夹在腋下，领着学生走出教室，沿着走廊向前走。

走着走着，队伍停了下来。史密斯夫人走进杂物室，找了一把铁锹。然后，她一只手拿着鞋盒，另一只手拿着铁锹，带着大家来到运动场最边远的角落里，开始挖起坑来。

学生们你一锹我一锹地轮流挖着，10分钟后，一个1米深的洞就挖好了。他们把盒子放进去，然后又用泥土把盒子完全覆盖上。这样，每个人的所有"不能做到"的事情都被深深地埋在了这个"墓穴"里，埋在了1米深的泥土下面。

这时，史密斯夫人注视着围绕在这块小小的"墓地"周围的31个10多岁的孩子们，神情严肃地说："孩子们，现在请你们

手拉着手，低下头，我们准备默哀。"

学生们很快地互相拉着手，在"墓地"周围围成了一个圆圈，然后都低下头来静静地等待着。

"朋友们，今天我很荣幸能够邀请到你们前来参加'我不能'先生的葬礼。"史密斯夫人庄重地念着悼词，"'我不能'先生在世的时候，曾经与我们的生命朝夕相处，您影响着、改变着我们每一个人的生活，有时甚至比任何人对我们的影响都要深刻得多。您的名字几乎每天都要出现在各种场合。当然，这对于我们来说是非常不幸的。

现在，我们已经把您安葬在了这里，并且为您立下了墓碑，刻上了墓志铭，希望您能够安息。同时，我们更希望您的兄弟姊妹'我可以''我愿意'，还有'我立刻就去做'等能够继承您的事业。虽然他们不如您的名气大，没有您的影响力强，但是他们会对我们每一个人、对全世界产生更加积极的影响。愿'我不能'先生安息吧，也祝愿我们每一个人都能够振奋精神，勇往直前！阿门！"

接下来，史密斯夫人带着学生又回到了教室。大家一起吃着饼干、爆米花，喝着果汁，庆祝他们越过了"我不能"这个心结。作为庆祝的一部分，史密斯夫人还用纸剪成一个墓碑，上面写着"我不能"，中间则写上"安息吧"，下面写着这天的日期。

史密斯夫人把这个纸墓碑挂在教室里。每当有学生无意说出："我不能"这句话的时候，她只要指着这个象征死亡的标志，孩

子们便会想起"我不能"先生已经死了，进而去想积极的解决方法。

面对生活中的困境，很多人都被"不可能"这三个字困禁着，不敢正视现实中的困难和挑战，导致自身的潜能得不到充分的发挥。面对问题，我们不妨试着把自己的"我不能"埋进坟墓，以一个积极的心态来面对一切，这样很多困难就能迎刃而解了。

亨利·福特是美国汽车行业历史中一位了不起的人物。他于1863年7月生于美国密歇根州。他的父亲是个农夫，觉得孩子上学根本就是一种浪费。老福特认为他的儿子应该留在农场帮忙，而不是去念书。

自幼在农场工作，使福特很早便对机器产生兴趣，于是用机器去代替人力和牲畜的想法经常在他的脑中浮现。

福特12岁的时候，已经开始构想要制造一部"能够在公路上行走的机器"。这个想法，深深地扎在他的脑海里，日日夜夜萦绕着他。

旁边的人，都"劝导"福特，放弃他那"奇怪的念头"，认为他的构想是不切实际的。老福特希望儿子做农场助手，但少年福特却希望成为一位机械师。他用一年多的时间就完成人家需要3年的机械师训练，从此，老福特的农场少了一位助手，但美国却多了一位伟大的工业家。

福特认为这世界上没有"不可能"这回事。他花了两年多的时间用蒸汽去推动他构想的机器，但行不通。后来，他在杂志上看到可以用汽油氧化之后形成燃料以代替照明煤气灯，触发了他的"创造性想象力",此后,他全心全意投入汽油机的研究工作。

福特每一天都在梦想成功地制造一部"汽车"。他的创意被大发明家爱迪生所赏识,爱迪生邀请他当底特律爱迪生公司的工程师,让他有机会实现他的梦想。

终于,在1892年,福特29岁时,他成功地制造了第一部汽车引擎。而在1896年,也就是福特33岁的时候,世界第一部汽车便问世了。

从1908年开始,福特致力于推广汽车,用最低廉的价格,去吸引越来越多的消费者。今日的美国,每个家庭都有1部以上的汽车,而底特律则逐渐变成美国的大工业城,成为福特的财富之都。

亨利·福特在取得成功之后,便成了人们羡慕的人物。人们觉得福特是由于运气,或者有成功的朋友,或者天才,或者他们所认为的形形色色的福特"秘诀",这些因素使福特获得了成功,但他们并不真正知道福特成功的原因。有一位研究成功学的专家后来说过:"也许在每10万人中有一个懂得福特成功的真正原因,而这少数人通常又耻于谈到这点,因为这个成功秘诀太简单了。这个秘诀就是想象力。事实上,在一定程度上,只要能想到就一定能办到。

世界上没有不可能,只要敢想敢做,"不可能"也会变成"可能"。史蒂芬·柯维说:"想象力是灵魂的工厂,每个人的成就都是在这里铸造的。"想象力通常被称为灵魂的创造力,是每个人都可贵的财富。拿破仑曾经说过，"想象力统治全世界"。一个人的想象力越丰富，成功的机会就越多。

思考致富的支持者股票大王贺希哈也认为成功的第一要素即想象力。

不怕做不到，只怕想不到，只要你敢于想象，就能够取得成功，把"不可能"变成"能"。

在行动中忘掉恐惧

勇敢产生于斗争中，勇气是在每天对困难的顽强抵抗中养成。
——奥斯特洛夫斯基

心理学家认为，行动本身会增强信心。不行动只会带来恐惧，所以克服恐惧最好的办法就是行动。

行动可以让你忘掉恐惧，而等待、拖延只会增加你的恐惧感。

有一次一个伞兵教练说："跳伞本身真的很好玩。难受的是'等待跳伞'的一刹那。在跳伞的人各就各位时。我让他们'尽快'度过这段时间。曾经不止一次，有人因为幻想太多'可能发生的事'而晕倒。如果不能鼓励他们跳第二次，他就永远当不成伞兵了。跳伞的人愈拖就愈害怕，就愈没有信心。"

行动可以治疗恐惧。

有一天晚上，一个5岁的小男孩已经上床半小时了，突然放声大哭。小男孩刚才看了一部科幻片，害怕片中的绿色妖怪闯进来抓他。他父亲的做法很特别，他并不是说："不要怕，孩子。没有什么好怕的，回去睡觉吧。"反而用一种积极的做法来消除他的恐惧。他走到每一扇窗户跟前看看关好没有，最后又将一把玩具手枪放在小男孩的枕边说："小男子汉，这把手枪给你以防万一。"小家伙听了很放心，几分钟后就睡着了。

这个故事说明这样一个道理，当你发觉自己对某件事情恐惧时，你可以尝试着让自己行动起来，在行动中可以增强自信，消除恐惧。很多人不了解这个道理，他们应付恐惧常用的方法就是不做。推销员们就经常这样，他们经常怯场，即使最老练的推销员也难免。为了克服恐惧，他们往往在客户附近徘徊犹豫，要不然干脆找个地方一杯又一杯地喝咖啡，来培养自信与勇气，这样根本没有效果。克服任何一种恐惧最好的办法就是"立刻去做"。

行动可以让你忘却恐惧，缓解你的精神压力。忘掉自我，专心投入到你当前要做的事情上去，可以让你克服紧张情绪，保持一种泰然自若的心态。

行动可以激发出一个人的勇气和潜能，即使一个弱不禁风的孩子，在危急关头被恐惧所激起的勇气也可以扼杀掉一条凶猛的鳄鱼。

在非洲的刚果河流域，经常会有鳄鱼出现。很多人由于不小心，常常会因遭受鳄鱼袭击而致残，有的甚至成为鳄鱼的"美餐"。

一天下午,在刚果河上,有两个男孩划着小木舟回家。他们是两兄弟,哥哥叫美林迪,弟弟叫卢蒙巴。他们是划船出来游玩的,玩得忘了时刻,这时见太阳已西下,才想起要赶快把这艘木舟划回家去。

两兄弟合力摇着船桨。船是约 1.3 米长、1 米宽的小木舟,是用一根圆木雕成的,只能在平静无波的小河划着玩,如果稍有震动,就会翻覆沉没。

当卢蒙巴一面划桨,一边远望着西天的夕阳时,一眼看到大约七八百米外的河面上正有一条鳄鱼向这边追来。

美林迪也同时发现鳄鱼追来,他喊道:"鳄鱼!吃人的鳄鱼来了!"

远处水面浮出绿硬鳞甲的鳄鱼头、背,鳄鱼在水中划出大水波,很远就能听到"嘶嘶"水响。

这时,小木舟正在河中心,要划到河的岸边,至少还要半小时。船后的鳄鱼却不到几分钟就会追到,眼看自己立即就要变成鳄鱼的晚餐。他们年龄不大,凭他俩的力气是打不过那条鳄鱼的。

当他们来不及多想的顷刻之间,回头一望,只见那条大鳄鱼正张开血盆大口,游到离船尾不到 10 米的水面。

"逃命啦!"美林迪惊慌失措,疯了似的跳到河里,潜水游向附近的河岸。

弟弟卢蒙巴眼见美林迪跳水,他年纪小,力气更小,这时鳄鱼已游得更近,距离船头只有两三米远。此刻,他只来得及想一件事:"怎样才不会被鳄鱼吃掉?"

在夕阳西下之时，河两岸已杳无人迹。河边即使有人，也不一定能把这个小孩从鳄鱼嘴边救回来，现在，生死存亡全靠卢蒙巴自己来决定了。

忽然，船尾水面那条大鳄鱼，纵起了它的鱼头向船尾冲来。

说时迟，那时快，卢蒙巴也不知是从哪里来的勇气，在鳄鱼正抬头张口冲来的同时，他上前一步，站到船头上，弓着腰，纵身高高跳起，张开双臂，扑到鳄鱼的背上。

鳄鱼这时似乎有点惊慌，只知用头向船头撞去，它撞船的冲力，正好使卢蒙巴的身体在其背上一旋，旋到另一个方向。

卢蒙巴趁此用双臂紧紧扼住鳄鱼嘴下的颈部，用双腿全力夹住鱼背。

鳄鱼发狂般在水中挣扎，他却拼命扼紧它的咽喉不肯放松。最后，鳄鱼在河水中向前游去。他发觉鳄鱼已逐渐不再挣扎，他感觉到：自己等于是骑着鳄鱼顺水游了。

卢蒙巴的一双手臂依然紧扼鳄鱼的颈不敢放松，他知道，鳄鱼的力气太大了，他怕扼在鱼颈的手臂一旦被挣脱，那他就再也不能控制鳄鱼，那时一定会被鳄鱼一口吞下。

他就这样扼紧鳄鱼，在河面上向前游着。

因为对死亡的恐惧，他都不知这样游了多久，只见天色已暗，河水与河岸的距离究竟还有多远，也无心细看。

不久，卢蒙巴忽然发觉鳄鱼不动了，定睛一看，眼底竟是河边的沙滩。

是鳄鱼要到河滩来休息吗？他不明白，也不敢多想。

他心中突然欢喜了，即使鳄鱼这时再要咬人，他也可以在陆地上飞快逃走的。因此，他就纵身跳到鳄鱼的右侧，疯狂地向前跑了几十步才停下来。

他回过头，在月光下，看到自己一路"骑"来的那条大鳄鱼，依然伏在河滩那个老地方。

他壮着胆子走近鳄鱼蹲身细看，鳄鱼双眼紧闭着，他伸手试探鳄鱼的颈部，发现鳄鱼竟已完全停止了呼吸。

他高兴极了，跑到一棵树下找来几根树藤，绑住鳄鱼的颈项，向前拖去，拖得很吃力，拖一程，休息一次，最后终于绕着小路回到自己的家。

全家人听了事情的经过，不禁目瞪口呆。

原来，当这个小男孩危在旦夕时，他在求生本能的驱使下，已经来不及害怕了，他那紧扼鱼颈的手臂就在这顷刻之间，产生一种神奇的力量。鳄鱼虽然力大而凶残，但它颈部被卢蒙巴扼得太紧，也就敌不过"无法呼吸"的致命伤。

在死亡边缘战胜鳄鱼的 16 岁小男孩卢蒙巴，顿时变成非洲报纸上的热门传奇人物。

行动可以战胜恐惧，激发勇气。面对凶残的鳄鱼，如果恐惧就会被吃掉，而勇敢地面对凶险的情况，奋起反抗，即使一个弱小的孩子，也可以战胜一条凶猛的鳄鱼，小卢蒙巴扼杀鳄鱼的故事，能为你带来什么样的启示呢？

第十二章
自立——自立自主方可驾驭人生

自立是自下而上的开始,是成功的保证。青少年应当学会在社会中自立,不能太依赖别人的帮助,因为依靠别人的帮助维持生活只能满足你的一时之需。但真正要想在社会中生存下去,还得依靠自己的力量。总在窝里的鹰永远也不会飞。青少年要在未来的社会竞争中取胜,就应当及早培养自立自主的意识,做到自立自强。你扔掉依赖的拐杖、发现自己的那一天,就是你人生成功的开始。

 ## 自助者天助

> 智者一切求自己,愚者一切求他人。
> ——卡莱

从前,有一个农夫驾着一辆满载干草的车子走在乡间的路上,没想到却陷进了泥坑里。在乡下的田野上,会有谁来帮这个可怜人的忙呢?这完全是命运之神有意惹人发怒而安排的。

车子陷入泥坑让农夫大为恼火,他骂泥坑,骂马,又骂车子和自己。无奈之中,他只得向举世无双的大力神求救。

"尊敬的大力神,"车夫恳求道,"请你帮帮忙,你的背能扛起天,把我的车从泥坑中推出来对你来说应该是举手之劳。"

刚祈祷完,车夫就听到大力神在云端发话了:"神要人们自己先动脑筋、想办法,然后才会给予帮助。你先看看,你的车困在泥坑里究竟是什么原因?为什么会陷入泥坑?拿起锄头铲除车轮周围的泥浆和烂泥,把碍事的石子都砸碎,把车辙填平,你不自己尝试一下怎么行呢?"

过了一会儿,大力神问车夫:"你干完了吗?"

"是的,干完了。"车夫说。

"那很好,我来帮助你。"大力神说,"拿起你的鞭子。"

"我拿起来了……这是怎么回事？我的车走得很轻松！大力神赫拉克勒斯，你真行！"

这时神发话说："你瞧，你的马车很顺利就离开了泥坑，遇到困难，要先自己动脑筋想办法解决，老天才会帮你一把。"

自助者，天助之。遇到问题，不要抱怨，不要依赖于别人，自己积极地动脑筋，想办法，一切都会迎刃而解的。

战胜自己和自力更生能够教会一个人从自身力量中汲取动力。在这种动力的激发下，挫折不仅不会变成不幸和痛苦，相反，通过吃苦耐劳，坚韧不拔的自助实干，挫折和不幸会转化成为一种幸福，它能够唤起人们奋发向上的激情，积极面对的勇气。

约翰·内斯就是一个自立自强的好例子。

约翰·内斯出生于 1932 年。他在出生的时候发过一次高烧，结果导致他患上了大脑神经系统瘫痪，这种紊乱严重影响了他的说话、行走和控制肢体行动的机能。他长大后，人们都认为他肯定在神智上还存在着严重的缺陷和障碍，州福利院将他定为"不适于被雇用的人"。专家们说他永远都不能工作。

约翰能取得日后的成就应当感谢他的妈妈,她一直鼓励约翰做一些力所能及的事情。她一次又一次地对约翰说:"你能行,你能够工作、能够独立。"

约翰受到妈妈的鼓励后,开始从事推销员的工作。他从来没有将自己看做是"残疾人"。开始时,他向福勒刷子公司提交了一份工作申请,但该公司拒绝了他,并说,他根本无法完成该公司的业务。几家公司都做出了同样的判断。但约翰坚持了下来,他发誓一定要找到工作,最后怀特金斯公司很不情愿地接受了他,同时也提出了一个条件:约翰必须接受没有人愿意承担的波特兰、奥根地区的业务。虽然条件非常苛刻,但毕竟是个机会,约翰欣然接受了,约翰终于坚定地在自我的道路上迈开了第一步。

1959年,约翰第一次上门推销,反复犹豫了4次,才最终鼓起勇气按响了门铃,开门的人对约翰推销的产品并不感兴趣。接着是第二家,第三家。约翰的生活习惯让他始终把注意力放在寻求更强大的生存技巧上,所以即使顾客对产品不感兴趣,他也不会灰心丧气,而是一遍一遍地去敲开其他人的家门,直到找到对产品感兴趣的顾客。

38年来,他的生活几乎重复着同样的路线,他一直坚定地走着自己的道路。

每天早上,在他工作的路上,约翰会在一个擦鞋摊前停下来,让别人帮他系一下鞋带,因为他的手非常不灵巧,要花很长时间才能系好;然后在一家宾馆门前停下来,宾馆的接待员给他扣上衬衫的扣子，帮他整理好领带，使约翰看上去更好一些。不论刮风，还是下雨，约翰每天都要走16千米，背着沉重的样品包，四处奔波，那只没用的右胳膊蜷缩在身体后面。这样过了3个月，约翰敲遍了这个地区的所有家门。当他做成交易时，顾客会帮助他填写好订单，因为约翰的手几乎拿不住笔。

出门14个小时后，约翰会筋疲力尽地回到家中，此时他关节疼痛，而且偏头痛还时常折磨着他。

一年年过去了，约翰负责的地区的家门越来越多地被他打开，他的销售额也渐渐地增加了。24年过去了，他上百万次地敲开了一扇又一扇的门，最终他成了怀特金斯公司在西部地区销售额最高的推销员，成为了销售技巧最好的推销员。

在顽强地自我奋斗的路上，约翰获得了巨大的成就。

1996年夏天，怀特金斯公司在全国建立了连锁机构，现在约翰没有必要上门进行推销，说服人们来购买他的产品了。此时，约翰成了怀特金斯公司的产品形象代表，他是公司历史上最出色的推销员，公司以约翰的形象和事迹向人们展示公司的实力。怀特金斯公司对约翰的勇气和杰出的业绩进行了表彰，他第一个得到了公司主席颁发的杰出贡献奖，后来这个奖项只颁发给那些拥有像约翰·内斯那样杰出成就的人。

在颁奖仪式上，约翰的同事们站起来为他欢呼鼓掌，欢呼和泪水持续了5分钟。怀特金斯公司的总经理告诉他的雇员们："约翰告诉我们，一个有目标的人，只要全身心地投入到追求目标的努力中,那么生活中就没有事情是不可能做到的。"那天晚上约翰·内斯的眼中没有痛苦,只有骄傲和自豪。

约翰·内斯的故事说明这样一个道理,一个人只要相信并充分依靠自己的力量,自立自强,便没有克服不了的困难。世界上真正能拯救自己和帮助自己的人只有自己。

有一次,美孚石油公司董事长洛奇到一家分公司去视察工作,在卫生间里,看到一位小伙子正跪在地上擦洗黑污的水渍,并且每擦一下,就虔诚地叩一下头。洛奇感到很奇怪,问他为何如此?这位小伙子答道:"我在感谢一位圣人。"

洛奇问他为何要感谢那位圣人?小伙子说:"是他帮助我找到了这份工作,让我终于有了饭吃。"

洛奇笑了,说:"我曾经也遇到一位圣人,他使我成了美孚石油公司的董事长,你愿意见他一下吗?"小伙子说:"我是个孤儿,从小靠别人养大,我一直都想报答养育过我的人。这位圣人若能使我吃饱之后,还有余钱,我很愿意去拜访他。"

洛奇说:"你一定知道,南非有一座高山,叫胡克山。据我所知,那上面住着一位圣人,能为人指点迷津,凡是遇到他的人都会前程似锦。10年前,我到南非登上过那座山,正巧遇上他,并得到他的指点。假如你愿意去拜访,我可以向你的经理说情,准你一个月的假。"

这位年轻的小伙子是个虔诚的教徒,很相信神的帮助,他谢过洛奇后就真的上路了。他风餐露宿,日夜兼程,最后终于到达了自己心中的圣地。然而，他在山顶徘徊了一天，除了自己，什么都没有遇到。

小伙子很失望地回来了。他见到洛奇后说的第一句话是："董事长先生，一路我处处留意，但直至山顶，我发现，除我之外，根本没有什么圣人。"

洛奇说："你说得很对，除你之外，根本没有什么圣人。因为，你自己就是圣人。"

后来，这位小伙子成了美孚石油公司一家分公司的经理，有一次，在接受记者采访时，他向记者讲述了上面的故事，并补充了这么一句话："发现自己的那一天，就是人生成功的开始。任何人只要相信自己，就能够创造奇迹。"

一个人唯一可靠的是自己，除了你自己，没有另外一个人可以带给你成功。你发现自己的那一天，就是你人生成功的开始。

自食其力才能赢得尊严

> 手懒的要受贫穷，手勤的得到富足。　　——《圣经》

从前，老虎并不像现在这样威风，相反他是所有动物中最弱小的一个。因为捕捉不到动物，常常是饥一顿，饱一顿。

于是,狮王把所有的小动物都召集起来说:"老虎是我们中的一员,我们不能眼睁睁地看着他饿肚子而不管不问。我建议,大家都伸出友谊之手,拉他一把,帮他渡过难关。"

于是,动物们都给老虎送去了好吃的东西,唯有猫什么东西也没有送。

狮王不高兴地对猫说:"大家都为老虎送了东西,你怎么什么都不送呢?"

猫说:"你们送给他的东西虽然很多,但总有一天会吃完的,我要送给他一件永远吃不完的礼物。"

狮王不屑地说:"算了吧,你除能送几只老鼠外,还能送什么呢?"

猫回答说:"以后你会看到的。"

几个月以后,狮王又来到老虎家。好家伙!老虎家里里外外到处都挂着好吃的东西。

狮王问:"这些东西都是猫送的?"

"不,"老虎说,"他送的礼物要比这些东西贵重千万倍!"

狮王好奇地问:"那究竟是什么东西?"

老虎说:"他教我练壮了身体,又教我学会了捕食的本领。"

"噢!"狮王从头到尾把老虎打量了一番说,"难怪你那么崇拜他呢,连衣服也和他穿得一模一样!"

再多的好东西都比不上一身本领。要想在社会上立足,就要摆脱依赖他人的想法,不断提高自身的能力,练就一身谋生的好本领，这样才能为自己赢得尊严。

一年冬天，美国加州的一个小镇上来了一群逃难的流亡者。长途的奔波使他们一个个满脸风尘，疲惫不堪，善良好客的当地人家家生火做饭，款待这群逃难者。镇长约翰给一批又一批的流亡者送去粥食，这些流亡者，显然已好多天没有吃到这么好的食物了，他们接到东西，个个狼吞虎咽，连一句感谢的话也来不及说。

只有一个年轻人例外，当约翰镇长把食物送到他面前时，这个骨瘦如柴、饥肠辘辘的年轻人问："先生，吃您这么多东西，你有什么活儿需要我干吗？"约翰镇长想，给一个流亡者一顿果腹的饭食，每一个善良的人都会这么做。于是，他说："不，我没有什么活儿需要您来做。"

这个年轻人听了约翰镇长的话之后显得很失望，他说："先生，那我便不能随便吃您的东西，我不能没有经过劳动，便平白得到这些东西。"约翰镇长想了想又说："我想起来了，我家确实有一些活儿需要你帮忙。不过,等你吃过饭后,我就给你派活儿。"

"不,我现在就做活儿,等做完您的活儿,我再吃这些东西。"那个青年站起来。约翰镇长十分赞赏地望着这个年轻人,但他知道这个年轻人已经两天没有吃东西了,又走了这么远的路,可是不给他做些活儿,他是不会吃下这些东西的。约翰镇长思忖片刻说:"小伙子,你愿意为我捶背吗?"那个年轻人便十分认真地给他捶背。捶了几分钟后,约翰镇长便站起来说:"好了,小伙子,你捶得棒极了。"说完就将食物递给年轻人,他这才狼吞虎咽地吃起来。约翰镇长微笑地注视着那个青年说:"小伙子,我的庄园太需要人手了,如果你愿意留下来的话,那我就太高兴了。"

那个年轻人留了下来,并很快成为约翰镇长庄园的一把好手。两年后,约翰镇长把自己的女儿詹妮许配给了他,并且对女儿说:"别看他现在一无所有,可他将来百分之百是个富翁,因为他有尊严!"

果然不出所料,20多年后,那个年轻人真的成为亿万富翁了,他就是赫赫有名的美国石油大王哈默。哈默穷困潦倒之际仍然有自尊、自立的精神,赢得了别人的尊敬和欣赏,也为自己带来了好运。

一个人只有自立才能为自己赢得尊严。一个在穷困中仍然能够保持自立精神,不依靠别人施舍生活的人,最终必将获得人生的成功。

杰克7岁那年,他的父亲去世了,他还有一个两岁大的妹妹,母亲为了这个家整日操劳,但是赚的钱仍难以让这个家的每个人都填饱肚子。看着母亲日渐憔悴的样子,杰克决定帮妈妈赚钱养家,因为他已经长大了,应该为这个家贡献一份自己的力量了。

一天,他帮助一位先生找到了丢失的笔记本,那位先生为了答谢他,给了他1美元。

杰克用这1美元买了3把鞋刷和1盒鞋油,还自己动手做了个木头箱子。带着这些工具,他来到了街上,每当他看见路人的皮鞋上全是灰尘的时候,就对他们说:"先生,我想您的鞋需要擦油了,让我来为您效劳吧!"

他对所有的人都是那样有礼貌,语气是那么真诚,以至于每一个听他说话的人都愿意让这样一个懂礼貌的孩子为自己的鞋擦油。他们实在不愿意让一个可怜的孩子感到失望,他们知道这个孩子肯定是一个懂事的孩子,面对这么懂事的孩子,怎么忍心拒绝他呢!

就这样,第一天他就带回家50美分,他用这些钱买了一些食品。他知道,从此以后家里人不需要再挨饿了,母亲也不用像以前那样操劳了,这是他能办到的。

当母亲看到他背着擦鞋箱,带回来食品的时候,流下了高兴的泪水,"你真的长大了,杰克。我不能赚足够的钱让你们过得更好,但是我现在相信我们将来可以过得更好。"妈妈说。

就这样,杰克白天工作,晚上去学校上课。他赚的钱不仅为自己交了学费,还足够维持母亲和小妹妹的生活。他知道,"工

233

作不分贵贱，只要是靠自己的劳动赚来钱就是光荣的"。

靠别人的施舍或者资助而生活的人，无法赢得别人的尊重，而他本人也体会不到劳动的价值和快乐。一个人只有自食其力才能够为自己赢得尊严，因此，青少年要摆脱依赖他人的想法，尝试着用自己的双手来养活自己。

 ## 学会自己拿主意

我们的忠告是每个人都应该坚持他为自己开辟的道路，不被权威所吓倒，不受别人的观点所牵制，也不被时尚所迷惑。

——歌德

青少年要培养独立自主的人格，就要学会遇事自己拿主意，而不是处处依赖父母，让他们替自己出主意，做决定。

"老师让我去报名参加那个拼写竞赛。"10岁的丽莎一回到家就告诉父母。

"太好了，你已经去报名了吗？"

"还没有呢。""为什么？宝贝。"父母关心地问。

"我有点害怕，台下可能会有许多人看着。"丽莎很激动，她在家一向是个听父母话的孩子，在学校平时也不爱多说话，但是学习成绩很好。

"我想你还是先报个名吧,你可以很好地锻炼自己。不过这事儿你还是得自己决定。"

父母离开了丽莎的屋子。过了两天之后,学校老师打来电话,让丽莎的父母说服丽莎去报名参加拼写竞赛。

丽莎回到家后,父母又跟她谈了话,父母对她说:"首先,我们并不是强迫你一定报名,这件事还是你来做决定,但是我们可以谈谈关于参加竞赛的利弊。参加竞赛可以锻炼自己的意志,锻炼自己的智力,还能增强自己的信心。比赛赢了更好,没有得名次,也是无关紧要的,我们不在乎。因为你在我们心目中是很有能力的孩子,这点并不需要用竞赛的名次来证明。"

父母又对她说:"老师打电话来说,他也很相信你的能力。我们对你的比赛结果都并不太关心,关心的只是你是不是想用这

一机会去锻炼自己。"

有这样开明的父母鼓励和支持,最后丽莎还是去报名了。

丽莎的父母知道丽莎很聪明,只是她太胆小了。她不敢想象如果自己站在台上面对那么多的观众拼写单词会是一种什么样的感觉。她的父母很想让丽莎见一见世面,让她走向自己的生活,而这就是一个很好的机会。还有,父母想让丽莎通过这一机会来证明她自己的能力,也好好地锻炼自己的胆量,发现自己的一些潜力,明白自己只是有些胆怯,需要自己的父母加油,同时,又能够消除掉非要得一个名次的压力。

丽莎的父母对丽莎充满了信心,但是他们并不催促丽莎,而是让她自己来做这一决定。

通过这件事,丽莎增强了自己的独立性和勇气,而父母则很满意自己鼓励了丽莎,使她没有失去一个很好的锻炼自己的机会。

独立就意味着要青少年遇事能够学会自己拿主意,要敢于坚持自己的想法,而不是总让别人替自己出主意或者是受别人言论的影响。如果做事先怕人议论,做到中间一有人提出反对意见,就不敢再做下去了,这不仅说明这个人没有"定力",也说明他没有"定见"。没有定见和定力,就不是一个独立自主的人。做人做事,首先要能独立思考,辨明是非,选择正确的立场观点。每个人的想法都不会完全一致,我们不能要求人人的看法都与自己相同。因此我们做事要看我们想达到的目标效果,而不要过于顾虑事前一些人的议论;等事情做好了,那些议论自然也止息了。

即使事情没做成，但只要是正确的，也就是应当做的，论不得成败。

意大利著名女影星索菲亚·罗兰就是一个能够坚持自己的想法的人。

索菲亚·罗兰16岁时来到罗马，要圆她的演员梦。但她从一开始就听到了许多不利的意见。用她自己的话说，就是个子太高，臀部太宽，鼻子太长，嘴太大，下巴太小，她根本不像一般的电影演员，更不像一个意大利式的演员。制片商卡洛看中了她，带她去试了许多次镜头，但摄影师们都抱怨无法把她拍得美艳动人，因为她的鼻子太长、臀部太"发达"。卡洛于是对索菲娅说，如果你真想干这一行，就得把鼻子和臀部"动一动"。索菲娅可不是个没主见的人，她断然拒绝了卡洛的要求。她说："我为什么非要长得和别人一样呢？我知道，鼻子是脸庞的中心，它赋予脸庞以性格，我就喜欢我的鼻子和脸保持它的原状。至于我的臀部，那是我的一部分，我只想保持我现在的样子。"她觉得不是靠外貌而是应该靠自己内在的气质和精湛的演技来取胜。她没有因为别人的议论而停下自己奋斗的脚步。她成功了，那些有关她"鼻子长，嘴巴大，臀部宽"等议论都消失了，这些特征反倒成了美女的标准。在20世纪即将结束时，索菲娅被评为这个世纪的"最美丽的女性"之一。

索菲娅·罗兰在她的自传《爱情与生活》中这样写道："自我开始从影起，我就出于自然的本能，知道什么样的化妆、发型、衣服和保健最适合我。我谁也不模仿，我从不像奴隶似的跟着时尚走。我只要求看上去就像我自己,非我莫属的衣服原理亦然,我不认为选这个式样,只是因为伊夫·圣罗郎或第奥尔告诉你,该选这个式样。如果它合身,那很好。但如果还有疑问,那还是尊重你自己的鉴别力,拒绝它。衣服方面的高级品味反映一个人的健全的自我洞察力,以及从新式样挑选最符合个人特点的式样的能力,你唯一能依靠的真正实在的东西就是你和你周围环境之间的关系,你对自己的估计,以及你愿意成为哪一类人的估计。"

索菲娅·罗兰谈的是化妆和穿衣一类的事,但她却深刻地体会到一个做人的原则,就是凡事要有自己的主见,要学会自己拿主意。而"不去奴隶似的"盲从别人。

心理学家认为,一个具有健康人格的人是自由的人,而自由主要体现在这个人能够自主地、有选择地支配自己的行为。这种自主感不是凭空产生的,其中很大一部分来自少年期对自由支配时间的体验。创造自己的自主空间,可以从下面几方面做起:

(1)遇事先自己拿主意。遇事先想该怎么办,然后再听取父母的意见,从中学到解决问题的经验和技巧,这样才能使智力有所增长,培养自主的能力。

(2)尝试着培养独立思考的能力。允许自己独自在一定的限度内犯错误,甚至允许做错。但要学会从小独立思考和自我服务。

(3)当你充满信心去实践自己的主张时,不要太依赖外部的帮助。当你遇到困难时,不要轻易向父母求援或接受他们的帮助,随着你的长大和成熟,既要培养自己的责任心,又要培养独立性,你可以逐渐减少对父母的依赖和对他们的约束和服从，有更多的自由去管理自己的事情。

（4）学会从小自己做决定。一旦做出决定，就必须有意识地要对选择后果负责任。比如，在他得到一星期的零花钱的第一天就把它花光了，那么他就必须尝尝那个星期其余几天没有钱的滋味。自主能力往往都是在几次成功与失败的过程中树立起来的，不要太在意失败。

品味自己动手的快乐

全心依赖自己，在自己心中拥有一切，如果说，这样的人还不幸福，又能相信谁会幸福呢？
——西塞罗

琼斯是一个勤劳的孩子，他从不爱买别人做的玩具，他更愿意自己动手，因为他在自己动手的过程中更能够体会劳动的快乐。

而他的一个玩伴，贾克则认为，除非是花很多钱买来的，否则那样的玩具一文不值。他也从未尝试过做任何玩具。

"快过来看我的木马，"有一天贾克说，"为它我花了1美元，快来看，多漂亮啊！"

自己的好朋友贾克能买到如此漂亮的木马，琼斯非常羡慕。他仔细地观察着木马，看它是怎样做成的。当晚，他便开始动手为自己也做一匹木马。

他从自家的马棚里取出两块木料,一块用来做马头,另一块做马身。只用了两三天的时间,它们便变成了琼斯满意的形状。

父亲送给他一块红色的皮革来做马缰绳,还拿了一些铜片来做马蹄。母亲找出一些旧毛线来做马鬃和马尾。

拿什么来做轮子呢?这下他可难住了。最后他想,或许可以到木工厂看一下,说不定那里有一些能用来做轮子的圆木头。

他在地板上找到了许多中意的木头。木匠问他拿这些木头干什么,他便对木匠说出了自己的想法。

"哦,"那人说,"要是这样,我很乐意为你做几个轮子,但你一定要记得做好后给我看一看。"琼斯答应了,然后把轮子放进口袋,跑回了家。第二天晚上,他带着做好的木马去了木匠那里,木匠夸他是个小天才。

这样的赞美使他备感骄傲,他跑到贾克那里高喊道:"你瞧,这是我的木马!""哦,它真漂亮,你在哪儿买的?"贾克问。"这不是买的,是我动手做的!"琼斯回答道。"自己做的?的确很漂亮,不过还是不能与我的相比,我的木马值1美元,你的却分文不值。"

"可我在做这匹木马的时候很开心呀!"说完,琼斯带着自己的木马走了。

想知道琼斯后来怎么样了吗?告诉你吧,他学习非常刻苦,还拿到了学校里的最高奖学金。

琼斯的故事带给我们一个重要的启示，动手可以带给一个人快乐，同时也可以帮助一个人走向自立和成功，因此，青少年要早日自立，就要养成自己动手的好习惯，尽可能地多尝试去做一些事情，不断地从每一件小事中取得一点点"小成绩"，长期坚持，这些"小成绩"就会逐渐扩大。

1. 在家庭中尽可能多分担一些家务

从洗碗开始，帮助父母做力所能及的家务劳动，培养自己动手的习惯。

自己的事情自己做，不用父母多操心。上学放学不用父母接送，日常生活自理得当，衣服自己洗，房间和物品自己整理。

孝敬父母、长辈，记住父母的生日，每年父母过生日的那天，向他们展现一个你自立的成果，帮他们收拾一下房间，买菜等。

学会做饭。饮食是生存自立最基本的要求，掌握烹调的技艺也是自立能力必不可少的环节。

爱惜家具物品，空调、家用电器等不用的

时候要关闭，学会处理简单的故障，例如修理自行车、门窗等，但是，在处理电、煤气等易发生危险的作业时，需要父母在旁边指导。

勤俭节约，不乱花钱，你的零用钱都是父母挣来的，你还没有创造财富的能力，但是必须养成节约的习惯。

2. 在学校积极进取，不逃避自己的责任

主动完成课业，不用老师监督。也许一次主动完成并不难，但每次都这样做就需要毅力了，也正是因为这样，才能锻炼你的意志品格，从而塑造你完善的人格。

遇到问题先自己独立思考，不能看一眼不会就寻求老师或同学的帮助，如果你认为自己已经绞尽脑汁了，问题还是没有解决，再向老师请教。

值日认真，不逃避劳动，不回避脏活、累活，下课主动帮助老师擦黑板，看见纸屑、果皮等杂物随时清理。

学习上进，有实在搞不懂的问题及时向老师请教，今天的疑问不能留到明天解决，养成有问必究的好习惯，这是你锻炼自强心理的基础。

不骄傲、不自卑，成绩好的时候，不向同学炫耀；成绩下降的时候，不失去自信，认真分析原因，逐步动手解决。过于自信和过于自卑都是自立自强的大敌，一定要随时校正自己的心态，中正平和，谦虚但不虚伪，自信但不狂妄。

培养集体责任感，在集体活动中突出和发挥自己的长处，争取机会锻炼自己的领导能力、组织能力，明确集体利益，自动维护集体利益。

3. 积极融入社会，打下自立的基础

要积极参加公益劳动，并在劳动中积累经验和技巧，磨炼吃苦耐劳的品质。

掌握一门谋生手艺，为将来的独立生活打下基础。

利用假期打工，打工并不是要求你赚钱，而是要你体验工作的心态，从而知道在社会中生存是很不容易的，这样也能让你知道自己离真正的独立还差多远。

养成主动帮助别人的习惯。独立并不是要你自己处理任何事情，而是要求你融入社会的有机群体中。帮助和请求帮助是必不可少的，在帮助别人的过程中，可以让你的独立意识得到拓展，以自己的独立能力有效地协助他人。

要培养社会公德。一个人如果从小自私自利，只顾自己，不顾社会，不顾他人，这个人就不能在社会上立足。